BARCELONA

바르셀로나   여행 레시피

바르셀로나에 사는 동안, 단 하루도 이 도시가 싫었던 적이 없었다.

지금도 까딸루냐 지하철역에서 에스컬레이터를 타고
람블라스 길로 올라서거나 콜럼버스 탑 앞 푸른 바다가 가득한
바르셀로나 항구에 서면 가슴이 뛴다.
알싸한 공기가 감싸고 있는 구도심 오래된 골목 한 모퉁이에 서서
거리 악사의 첼로 연주를 듣거나,
창이 넓은 까페떼리아 창가에 앉아 몇 줄의 글을 쓰거나
책을 읽는 것이 그리 대단한 일은 아니지만,
그런 소소한 일상조차 거뜬히 하루가 되는 이곳의 삶이 좋다.
이곳에 살면서 다녔던 길과 광장들, 만났던 사람들, 느꼈던 감정들을 정리하니
한권의 책이 되었다. 그런데 써 놓고 보니 바르셀로나에 대한 단 한마디의 흉봄도 없다.

이 도시에 어찌 좋은 것만 있겠는가.
그러나 이번에는 좋은 것만 이야기하기에도 부족했다.
원고를 정리하는 내내 행복했고
독자들에게 그 행복이 조금이라도 전달될 수 있었으면 좋겠다.

신 진 호

구도심에 대부분의 볼거리가 몰려있는 다른 유럽도시들과는 달리

바르셀로나는 여기 저기 흩어져있는 편이다.

그래서 모르고 나가면 고생하기 딱 좋다.

그러나 3박 4일 또는 4박 5일의 짧은 일정으로 오는 사람들에게 시행착오가 있으면 안 된다.

아까운 시간을 써가며 힘들게 갔는데 문이 닫혀있거나

기대했던 것과 같은 볼거리가 없다면 얼마나 허탈할까.

이 책 뒷부분에 있는 '바르셀로나 컨닝페이퍼'는

지난 4년 동안 해왔던 바르셀로나 설명의 완결판이다.

가보지 않아도 될 곳은 아예 언급도 하지 않았으며 가봐야 할 곳은

어떤 교통수단을 이용해서 어떤 동선으로 가는 것이

효과적인지를 가장 간단한 방법으로 설명했다.

시험장에 두꺼운 백과사전을 가지고 가는 사람이 있나?

바르셀로나의 핵심만을 요약한 '바르셀로나 컨닝페이퍼'로

바르셀로나를 편안하고 효율적으로 볼 수 있었으면 좋겠다.

권 경 애

바로셀로나는 여러분을 환영합니다.

지중해를 향해 활짝 열려있는 매력적인 도시, 바르셀로나의 시장으로서 이 책을 통해 여러분께 인사드리게 된 것을 매우 기쁘게 생각합니다.

저자 신진호는 이 책을 통해 가우디의 건물과 바르셀로나의 길과 오래된 유적지, 그리고 유서 깊은 건물들에 대해 이야기하고 있습니다. 그리고 구도심의 좁은 골목길, 음식, 바르셀로나 특유의 냄새 같은 일상적인 것들, 특히 무엇보다도 바르셀로나 사람들에 대해 따뜻한 목소리로 이야기하고 있습니다.

어쩌면 한 도시를 매력적으로 만드는 것은 잘 알려진 유적지나 박물관 같은 것이 아니라 우리 주위를 둘러싸고 있는 소소한 것들이라는 저자의 말에 동의합니다. 그런 의미에서 이 책에서 보여주는 바르셀로나에 대한 저자의 느낌과 나의 느낌은 다르지 않습니다. 그리고 이 책을 읽은 독자들이 갖게 될 바르셀로나의 느낌 또한 같을 것으로 생각합니다. 바르셀로나는 국제적인 도시를 지향하지만 삶의 질을 더 우선으로 생각합니다. 이 책을 통해 더 많은 한국인들이 바르셀로나를 방문할 것을 확신하며 저자에게 그랬던 것처럼 바르셀로나는 여러분을 두 팔을 활짝 벌려 맞이할 것입니다.

바르셀로나 시장, 차비에르 뜨리아스

Pròleg de l'alcalde de Barcelona
per al llibre de Jinho Shin Barcelona Nostàlgica.

És per a mi un gran honor saludar-los com a alcalde de Barcelona a través d'aquest llibre
de Jinho Shin sobre la nostra ciutat, que ha sabut copsar el tarannà mediterrani, obert i
acollidor de Barcelona. A les seves pàgines ens parla de Gaudí, de les grans avingudes,
dels bells monuments i edificis que milions de persones que ens visiten d'arreu del món
admiren cada dia.

El llibre ens transmet també el plaer que sent amb les coses petites de la ciutat, els
carrers estrets del Casc Antic, el menjar, les olors i, sobretot, el caràcter dels barcelonins
i barcelonines. Perquè, finalment, el que fa que ens sentim a gust en una ciutat no és la
seva arquitectura ni els seus museus, sinó la manera com se'ns tracta, com se'ns acull.

Coincideixo amb Jinho Shin en moltes apreciacions que fa de Barcelona. Però, per
damunt de tot, gaudeixo com ell de les vivències quotidianes que la ciutat ens brinda
cada dia, a cadascun dels nostres barris. Una ciutat que aposta per projectar-se a nivell
internacional però que no descuida la qualitat de vida de la gent que hi viu.
Els convido a endinsar-se en les pàgines de Barcelona Nostàlgica que, sens dubte, no
els deixaran indiferents. I poden estar segurs que Barcelona, com va fer amb Jinho Shin,
els rebrà sempre amb els braços oberts, perquè estic convençut que la seva lectura farà
que molts coreans i coreanes desitgin visitar-nos.

Xavier Trias
Alcalde de Barcelona

CONTENT

VISA
VISA
ELECTRON
V
PAY
ServiRed
MasterCard
Maestro

바르셀로나, 천의 얼굴을 가진 도시

바르셀로나, 천의 얼굴을 가진 도시

이름만으로도 모던함을 느낄 수 있고 낭만으로 가득 찬 도시, 바르셀로나. 앞으로는 코발트빛 바다 지중해가 펼쳐져 있고, 뒤로는 꼴세롤라Collserola 산자락이 도시를 둘러싸고 있다. 아울러 베소스Besos 강과 요브레갓Llobregat 강이 도시 양쪽으로 흐르고 있어 좋은 도시로서의 조건은 다 갖추고 있는 셈이다. 연중 온화한 기온과 비옥한 땅 또한 거주하기에 좋은 조건이다.

고대 로마시대부터 있어온 역사 도시

흔히들 바르셀로나를 건축과 디자인이 유명한 현대적인 도시로만 이해한다. 그러나 바르셀로나의 기원은 우리가 생각하는 것보다 훨씬 길다. 기원전 이천 년 아프리카 쪽에서 올라온 이베로Ibero의 일족인 라에따나Layetana가 지금의 구도심과 몬주익 부근에서 살았다는 흔적이 있다.

2차 포에니 전쟁(기원전 218년~기원전 202년) 때는 한니발이 이끄는 까르따고Cartago가 로마를 공격하기 위해 피레네를 넘기 전에 잠깐 통치하기도 했다. 로마와의 전쟁에서 까르따고가 패하고 기원전 10년경에 로마의 아우구스또Augusto가 이울리아 아우구스따 파벤띠아 빠떼르나 바르씨노Iulia Augusta Faventia Paterna Barcino라 불리는 전형적인 로마 성곽도시를 건설한 것이 바르셀로나의 시초다. 그 당시 로마 식민지방의 수도는 바르셀로나 인근에 있는 따라고나Tarragona였지만 바르셀로나 역시 군사 요충지로서 크게 번성했다.

바르셀로나의 첫 번째 성벽은 기원전 1년경 로마인들에 의해 세워졌는데 방어적인 성벽이 아니라 도시의 경계를 표시하기 위한 단순한 형태의 성벽이었다. 이후 프랑코족과 게르만족의 침입이 시작되자 270년부터 300년에 걸쳐 첫 번째 성벽 위에 방어적인 개념의 보다 튼튼한 성벽을 짓게 되었으며 지금도 구도심 일부 지역에서 만날 수 있다. 로마가 쇠퇴하기 시작하자 그 공백을 틈타 외부 세력들이 들어오기 시작한다. 415년경에 비시고도Visigodo의 아따울포Ataulfo가 그들의 수도를 바르셀로나에 세운다.(그러나 곧 똘레도로 옮겨간다.) 비시고도는 로마인이 구축해놓았던 시스템과 제도를 그대로 활용해 로마의 파괴자가 아니라 로마의 계승자라는 평가를 받는다.

717년부터 801년 프랑코족이 들어올 때까지 약 100년 가까이 이슬람이 지배하기도 하였다. 878년에는 기프레 엘 뻴로스Guifré el Pelós가 바르셀로나, 히로나Girona, 베살루Besalú를 다스리는 백작Conde,꼰데으로 임명되면서 까딸루냐 백작령의 역사가 시작된다. 985년에 이슬람과의 전쟁 때 프랑코족이 까딸루냐 백작령을 도와주지 않은 것을 계기로 까딸루냐 백작령이 프랑코로부터 독립하면서 하나의 독립된 왕국으로 탄생하였다.

1137년에는 라몬 베렝게르 4세Ramoń Verenguer IV 가 아라곤Aragon 왕의 딸과 결혼하면서 까딸루냐까지 포함하는 아라곤 왕국이 탄생한다. 이때 아라곤 왕국의 수도는 바르셀로나였으며, 아라곤 왕이 바르셀로나의 백작을 겸하게 된다. 12, 13세기에 걸쳐 강한 해군력을 바탕으로 한 아라곤 왕국은 이슬람의 약화를 틈타 발렌시아, 시실리아, 세르데냐, 나폴리 등을 아우르는 지중해의 주요 세력으로 등장한다. 이때의 번성을 바탕으로 많은 건물이 지어졌는데 주된 양식은 고딕이었다. 그래서 바르셀로나 구도심을 고딕지구라고 부른다.

그러나 영광스러웠던 시기도 흉년으로 인한 기아와 몇 번의 페스트 창궐로 끝난다. 게다가 나폴리가 독립하고 오스만제국이 꼰스딴디노플라를 함락하자 지중해를 통한 동방으로의 교역로가 막히게 되고 그동안 지중해를 기반으로 했던 까딸루냐의 경제는 어려워진다.

1492년 콜럼버스의 중남미 발견은 지중해 중심 시대에서 대서양 중심 시대로 넘어가는 것을 의미하며, 이는 곧 지중해 중심 항구인 바르셀로나 시대의 쇠퇴를 가져오게 된다. 중남미 식민지 항구들은 마드리드를 중심으로 하는 까스띠야Castilla 관할이었으며 이들 항구에 대한 까딸루냐의 접근은 원천적으로 불가능했다. 까딸루냐는 1778년까지 중남미 식민지와 교역을 할 수 없었다.

자치를 원하는 까딸루냐와 중앙집권을 원하는 까스띠야와의 갈등은 항상 잠재되어 있었다. 1640년에서 1652년 사이에 일어난 농민들의 반란인 세가도레스Segadores 전쟁은 까스띠야가 까딸루냐를 최초로 접수한 구실이 된다. 이때까지만 해도 까딸루냐의 자치는 인정되었다. 그러나 1705년에서 1714년 사이에 일어난 왕위계승전쟁에서 까딸루냐가 까스띠야의 반대편에 선 대가는 매우 컸다. 까딸루냐의 자유와 자치권을 상실했으며 대학은 폐쇄당하고 까딸란어의 사용 또한 금지되었다.

정치적으로는 여전히 암흑기였지만 바르셀로나 경제는 1725년부터 회복되기 시작한다. 그리고 1778년 중남미와의 교역이 허용되면서 발전의 속도는 더 빨라진다. 1714년 37,000명이었던 인구가 1791년에는 125,000명으로 늘어난다. 1805년에는 섬유업에 종사하는 인구만 10,000명이 될 정도로 산업, 특히 섬유산업이 발달했으며 이는 한동안 바르셀로나 성장의 중심 산업이 되었다. 이 무렵에 바르셀로네따Barceloneta가 건설되고 람블라스 길이 조성되었으며 폐쇄되었던 대학이 다시 열리게 된다.

1836년에는 바르셀로나가 자유산업도시로 지정되면서 산업혁명의 전초기지 역할을 하게 된다. 1877년에는 인구가 250,000명까지 늘어난다. 그러나 산업이 발달하면서 사회 갈등 역시 심해졌다. 1854년과 1868년에 총 파업이 있었고 노조와 급진주의자들은 조직화되어 움직이기 시작했다. 산업화로 인해 인구가 늘어남에 따라 기존의 도시로는 이들을 다 수용할 수 없었다. 그래서 1854년에 도시를 둘러싸고 있던 성벽을 걷어내고, 성벽 밖의 허허벌판 지역을 블록으로 구획정리를 하여 신도시를 조성했다. 1888년에는 만국박람회가 열려 바르셀로나 발전의 계기가 되기도 했다.

용광로의 시기. 1800년대 말에서 1900년대 초반, 바르셀로나는 그야말로 펄펄 끓는 용광로였다. 이념, 예술, 저항, 혁명 등과 같은 날카로운 칼들이 함께 끓어 넘치는 용광로. 가우디를 비롯한 모더니즘 건축가들의 과장된 장식으로 치장한 건물들이 거리 여기저기에 들어서고, 그 건물들의 뒤편 좁은 골목에서는 피카소, 달리, 미로 등과 같이 자신만의 독창성으로 무장한 화가들이 바르셀로나 지식인들의 정신을 색칠해 나가고 있었다.

산업혁명으로 인한 급속한 산업화와 아메리카 대륙과의 무역으로 돈을 번 부자들이 지은 호화찬란한 건물들이 바르셀로나의 빛이라면, 산업화의 과실을 맛보기 위해 타지에서 밀려온 노동자들의 비참한 생활은 생각보다 깊은 그늘을 만들었다. 그 당시 바르셀로나는 세계 각지에서 각양각색의 사람들이 몰려들었다. 그리고 세상에 유행하던 모든 '주의ism' 역시 함께 들어왔다. 이는 보수 성향의 마드리드와 충돌하는 원인이 되었다.

노동자들과 무정부주의자들의 데모와 테러가 끊이지 않던 슬픈 시기였기에 가우디나 피카소와 같은 예술가들의 시선은 더욱 더 간절했는지도 모른다. 1906년에는 모로코 파병을 요구하는 중앙정부에 반대하는 시위가 일어나고 이를 진압하는 과정에서 수많은 사람이 목숨을 잃은 '슬픈 주일Semana Tragica'을 겪는다.

1930년 몇 년에 걸친 쁘리모 데 리베라Primo de Ribera의 독재가 끝나고 선거에서 좌파가 승리하자 까딸루냐의 자치가 회복되고 통치기구인 제네랄리땃Generalitat이 재건되는 등 까딸루냐의 영광이 살아나는 것 같았다. 그러나 그것도 잠시, 스페인 내전과 함께 등장한 프랑코는 까딸루냐 자치를 철저히 무시하고 까딸루냐어 마저 사용하지 못하도록 한다. 한때의 영광스러웠던 화려한 건물들은 먼지를 뒤집어쓴 채 버려져야했고 사람들은 잔뜩 웅크린 채로 기나긴 시간의 페이지를 세어야 했는데 그 기간이 무려 40년이나 되었다.

박정희의 죽음과 함께 광주의 봄이 왔듯 1975년 독재자 프랑코의 죽음과 함께 까딸루냐의 봄이 온다. 1979년 국왕 후안 까를로스가 까딸루냐 자치를 인정하는 새로운 헌법을 공포하자 까딸루냐의 잠재력이 마음껏 표출되기 시작한다. 수도인 마드리드보다 먼저 올림픽을 개최한 것이 가장 큰 예이다. 1992년 바르셀로나 올림픽은 바르셀로나 발전의 획기적인 계기가 된다. 오염된 항구가 정비되고 버려져 있던 건물들이 새 단장을 하여 다시 태어난다. 이후 포럼 등과 같은 국제적인 행사를 연거푸 개최하면서 바르셀로나는 유럽에서 가장 현대적인 도시로 거듭나게 된다.

바르셀로나는 마드리드에 이은 스페인의 두 번째 도시로 약 160만 명의 시민이 거주하고 있다. 마드리드가 정치와 행정의 수도라면 바르셀로나는 경제 수도 혹은 스페인의 공장이라고 불리며 스페인 경제의 중심 역할을 해왔다. 바르셀로나의 1인당 소득은 스페인 평균보다 20% 이상 높고 스페인 총 수출의 1/5이상을 담당하고 있다. 1780년대 이후 주로 섬유와 기계산업이 주력산업이었으며 최근까지는 자동차, 제약, 화학산업이 그 역할을 담당하고 있다.

그러나 저렴한 인건비를 앞세운 중국 등과 같은 신흥 공업국과의 경쟁에서 밀리게 되자 미래 먹을거리 확보 차원에서 바이오산업, 나노산업 등과 같은 신산업을 육성하기 위해 노력하고 있다. 이와 함께 '솔 이 쁠라야Sol y Playa, 태양과 해변'으로 대표되는 낮은 부가가치의 관광에서 탈피하기 위해 다양한 노력을 하고 있으며 이동통신관련 전시회Mobil World Congress, 패션전시회The Brandery와 같은 세계적인 전시회 개최를 통해 연간 350만 명 이상의 관람객을 끌어 모으고 있다.

바르셀로나의 기후는 전형적인 지중해성 기후로 연중 340일이 맑을 정도로 날씨가 좋고 연평균 16도의 포근한 기온은 살기에도, 여행하기에도 좋은 조건이다. 2010년의 경우 약 7백만 명의 관광객이 방문하였는데 이는 유럽 도시 중 파리, 런던, 로마, 베를린에 이어 다섯 번째를 차지한다. 여행 전문 저널리스트들은 바르셀로나를 가장 선호하는 도시로 뽑기도 하였다.

바르셀로나가 여행도시로서 매력적일 수밖에 없는 여러 요인이 있다. 우선 고딕, 보른지구로 대표되는 낭만적인 구도심이 두드러진다. 이곳에는 로마시대에서부터, 중세, 근세까지 다양한 시대의 다양한 흔적들이 옛 모습 그대로 남아있으며, 그 사이로 좁고 어두운 골목길, 작고 앙증맞은 가게들, 깔끔하고 맛있는 식당들이 숨어있어 여행자의 노스탤지어를 자극한다. 그리고 안또니오 가우디Antonio Gauí, 루이스 도메네치 이 문따네르Lluís Domnèch i Montaner, 조셉 뿌이그 이 까다팔치Josep Puig Cadafalch 등과 같은 유명한 모더니즘 건축가들의 건물들이 바르셀로나의 가치를 한껏 끌어올린다. 실제로 사그라다 파밀리아, 구웰 공원, 까딸루냐 음악당, 상 빠우 병원, 구웰 저택, 구웰 성당, 까사 비센트, 까사 바뜨요, 까사 밀라 등은 유네스코 세계문화유산으로 지정되어 있다.

바르셀로나에는 오래된 건축물만 있는 것이 아니다. 바르셀로나 현대문화센터CCCB, 산따 까떼리나Santa Caterina 시장, 가스회사빌딩Torre de Gas Natural, 바르셀로나 현대미술관MACBA, 수자원공사빌딩Torre Agbar 등 보석 같은 현대 건축물도 많으며 동네에 있는 공공도서관들조차도 평범하지 않다. 건축가들은 자신의 건물을 바르셀로나에 건축하는 것을 영광으로 여기며 건축학도들은 바르셀로나의 건축에서 영감을 얻기를 원한다. 이처럼 바르셀로나는 오래됨과 새로움이 공존하는 도시며 그 두 가지 가치를 제대로 활용할 줄 아는 도시다.

문화와 예술의 도시

마드리드의 예술이 16, 17세기의 스페인 황금세기의 보수적인 전통에 기반을 두었다면 항구도시이면서 프랑스와 인접한 탓에 외부와의 교류가 많았던 바르셀로나는 20세기의 진보적 예술 성향을 띤 도시였다. 따라서 바르셀로나 예술은 과거보다는 비교적 현대에 두드러진다. 피카소(Pablo Luiz Picasso: 1881~1973), 달리(Salavador Dali: 1904~1989), 미로(Joan Miro: 1893~1983)로 이어지는 20세기 스페인 미술의 주 활동무대는 바르셀로나라고 해도 과언이 아니다.

피카소는 스페인 남부 말라가에서 태어나 북부 라 꼬루냐La Coruña를 거쳐 14살 무렵에 가족과 함께 바르셀로나에 왔다. 이후 19살 무렵 파리로 떠날 때까지 열정이 넘치는 활기찬 도시에서 청년기를 보냈다. 이후 바르셀로나는 피카소에게 고향과 같은 따뜻함을 주는 곳이자 슬픔과 향수를 떠올리는 도시로 자리 잡게 된다. 몬따까다Montacada길에 있는 피카소 미술관에는 그의 초기 작품들이 시대별로 일목요연하게 정리되어 있다.

미로는 바르셀로나에서 태어나 바르셀로나에서 활동한 화가다. 미로는 초현실주의 화가였지만 유쾌하고 천진난만한 화풍을 지닌 사람이었다. 그래서 그의 그림은 어린 아이들이 좋아할 선과 원색으로 이루어져 있다. 미로 미술관은 몬주익 기슭에 자리잡고 있다.

달리는 바르셀로나에서 두 시간가량 떨어진 피게레스Figueres에서 태어나 주로 바르셀로나에서 활동한 초현실주의 화가다. 달리의 그림은 꿈과 인간의 잠재의식 세계를 자신만의 톤으로 표현한 화가다. 초현실주의 영화감독 루이스 부뉴엘과 '안달루시아의 개Un Perro de Andaluz'라는 영화를 제작하기도 했다.

바르셀로나의 대표적인 춤으로 사르다나Sardana가 있는데 매우 정적이고 단체적이다. 개인의 '잘난 체'가 특징인 플라멩꼬와는 달리 사르다나에서는 개인이 드러나지 않는다. 이 같은 특징은 흔히 까딸루냐의 전통 경연인 인간탑 쌓기 까스뗄Castell에서도 잘 드러난다. 단 한 사람만 허물어져도 전체가 허물어진다. 불놀이 축제로 잘 알려진 꼬레폭Correfoc도 지극히 단체적이고 집단적이다. 개인은 전체 속에 철저히 숨어있다. 또한 사르다나는 형식과 격식이 필요 없다. 특별한 복장이 있는 것이 아니고 평소 복장 그대로 모여서 춤을 춘다. 특별한 장소가 필요한 것도 아니다. 어디에나 있는 광장이면 족하다. 반면 플라멩꼬는 화려한 붉은색 옷차림이 특징이다.

　　그러나 이런 전체적인 성향이 모든 분야에서 이루어지는 것은 아니다. 건축, 디자인, 의상 등의 분야에서는 '베낌'을 수치로 여기는 경향이 매우 강하다. 그것은 가우디의 건축물이나 의류브랜드 꾸스또 바르셀로나Custo Barcelona의 화려한 컬러에서 발견된다. 고대와 중세로 이어지는 엄숙한 분위기와 다른 어떤 개방된 도시에 못지않은 열린 분위기를 간직하고 있는 곳이 바르셀로나이다. 그래서인지 샌프란시스코, 시드니 등과 함께 게이들이 가장 선호하는 도시이다.

미식가들이 사랑하는 도시

　　발렌시아 지방의 빠에야Paella나 갈리시아Galicia 지방의 문어요리인 뿔뽀 가예고Pulpo Gallego처럼 바르셀로나를 대표하는 음식은 확 떠오르지 않는 것이 사실이다. 그러나 바르셀로나는 스페인뿐만 아니라 중남미, 유럽, 아프리카, 아시아 등 세계 모든 음식이 모이는 곳이다. 지구상 어느 음식이라도 바르셀로나에서 맛볼 수 없는 것은 없다. 전통을 고집하는 식당이 있는가 하면 형식과 전통을 파괴하는 식당도 많다. 바르셀로나, 좀더 크게 말해 까딸루냐에는 세계적으로 인정받는 요리사와 음식점이 많이 있다. 까딸루냐의 대표적인 요리사로는 페란 아드리아Ferran Adria를 들 수 있는데 '파괴를 통한 창조'를 요리 철학으로 삼고 있으며 '새로운 것이 아니면 그 어떤 것도 그의 관심 바깥에 있다.'고 말하고 있다. 그가 수석 주방장으로 있는 엘 부이El Bulli 레스토랑에서 식사를 하기 위해서는 몇 년을 기다려야 할 정도다. 사실 요리 자체의 훌륭함과 독창성도 있겠지만 고도의 마케팅이 아닌가 하는 생각이 든다. 그것은 화가 달리도 마찬가지다. 페란 아드리아의 요리가 평범한 식당에서 실현되고 있었다면 과연 지금처럼 관심을 끌 수 있었을까. 또 달리의 작품들이 평범한 갤러리에 있었다면 지금과 같은 명성을 얻을 수 있었을까 하는 의문이 든다.

　　바르셀로나는 세계 각국에서 모여든 음식의 경연장이다. 그라시아Gracia 거리, 사리아Sarria와 그라시아 지구, 그리고 최근 떠오르는 보른Born지구 등에는 하루가 멀다 하고 새로운 음식점이 생겨난다. 5유로면 배부르게 먹을 수 있는 케밥집, 15유로 정도면 해산물부터 육류 등 모든 종류의 음식을 맘껏 먹을 수 있는 중국식 뷔페식당, 그리고 100유로가 넘는 미쉘린 추천 식당까지 바르셀로나에는 모든 종류의 식당이 다 있다.

축제와 공연의 도시

　　스페인은 축제의 나라다. 그리고 이것은 바르셀로나에서도 예외가 아니다. 바르셀로나에서는 연중 내내 축제를 구경할 수 있다. 매년 1월 6일에는 동방박사가 온 날을 기념하는 로스 레예스

Los Reyes, 4월 말의 세마나 산따Semana Santa, 부활절, 4월 23일의 산 조르디San Jordi, 6월 23일의 산 후안San Juan, 8월 중순에 그라씨아 지구에서 열리는 피에스따 마요르Fiesta Mayor, 9월 11일의 까딸루냐 기념일 축제, 9월 24일의 메르쎄Merce, 9월 하순경 바르셀로네따에서 열리는 피에스따 마요르Fiesta Mayor, 12월의 크리스마스 축제 등 크고 작은 축제가 많다. 이와 함께 음악 콘서트 등의 행사도 연중 열리는데 6월에 열리는 쏘나르Sonar 음악 페스티발, 6월과 7월에 걸쳐 몬주익의 그렉Grec 극장을 중심으로 펼쳐지는 그렉 페스티발, 10월과 11월에 걸쳐 열리는 국제 재즈 페스티발 등도 유명하다. 뿐만 아니라 규모는 작지만 동네별 골목별 축제가 여기저기서 불쑥 불쑥 열리곤 한다. 길을 걷다가 생각지도 않았던 곳에서 생각지도 않았던 축제를 만날 수 있는 곳이 바르셀로나다.

GRANVIA
GRACIA
ELISABETS
BONSULES
AV. PORTAL DEL ANGEL
MONSIE AMARE
LAIETANA
PETRITXOL
RAMBLAS
FERRAN
PRINCESA
AVINYO
ARGENTARIA
MONTCADA
AMPLE
I-LEL
JOAN DE BORBO
BARCELONETA

바르셀로나 광장...골목

바르셀로나는 커다란 요술상자다.

그 상자를 열면 숨겨진 광장과 비밀스런 골목들이 나온다.

광장과 골목마다 오래된 이야기가 있고 그 위에 또 다른 새로운 이야기가 쌓여간다.

누가 바르셀로나를 가우디의 도시라고 말하는가.

바르셀로나는 가우디의 도시가 아니라 광장과 길, 그리고 골목의 도시다.

그것들이 없다면 바르셀로나는
그냥 한번쯤 다녀갈 도시에 불과할 것이다.

바르셀로나는 보면 볼수록 볼 것이 더 많아지는 신기한 도시다.

barcelona

왕의 광장 전경. 콜럼버스가 이 계단을
통해 가톨릭 양왕에게 신대륙발견 결과를
보고하러 들어갔고, 왕 암살 미수 등
역사적 사건이 많았던 곳이다.

오랜 이야기가 있는 곳, 광장

오랜 이야기가 있는 곳, 광장

영혼의 소리를 듣다, 레이 광장

길은 적당히 경사지고 굽어있다. 미로 같은 골목을 따라 걷다보면 예상하지 못한 곳에서 예상하지 못한 것들을 만난다. 그것이 고딕지구의 매력이다. 대성당 앞 광장에서 로마시대 성벽 기둥 사이로 난 좁은 고딕지구 골목으로 들어간다. 벽을 통과하면 다른 세상이 나오는 영화의 한 장면에서처럼 우리는 중세로 들어간다. 검은 돌벽 사이로 종소리가 들리고 가끔씩 푸드득거리는 새들의 날갯짓만 정적을 깬다. 인적 없는 골목을 걷다가, 그 골목이 끝나는가 하면 또 다른 골목이 시작된다. 그리고 터널에 있다 빠져나온 것처럼 생각지도 못한 광장의 환함에 눈을 찡그려야 한다. 대성당 뒤편 산따 끌라라**Santa Clara** 길의 내리막이 끝나는 곳, 마치 영화세트 같은 레이 광장**Plaza del Rei**, 왕의 광장이 그렇다. 왕의 광장, 통일 스페인 이전에 바르셀로나 백작**Conde**이자 아라곤**Aragon** 왕국의 왕이 거처하던 곳이라 그런 이름이 붙여졌다.

왕의 광장은 살론 델 띠넬**Salon del Tinell, 1359**, 산따아가따 예배당**La capilla palatina de Santa Agata, 1302**, 욕띠넨뜨 왕궁**Palacio del Lloctinent, 1549** 등 세 개의 고딕 건물로 둘러싸여 있다. 이곳은 세 개의 건물이 만드는 그늘로 여름 낮에도 시원해 구도심 관광에 지친 다리를 쉬면서 땀을 식히기 좋다. 또한 울림이 좋아 바이올린, 첼로, 스페인 기타 등 분위기가 있는 악기를 연주하는 거리 악사들이 좋아하는 곳이기도 하다. 여름밤에는 야외 재즈 콘서트가 수시로 열리고 가끔씩 연극 무대가 설치되기도 한다. 그리고 까딸루냐 왕국에서 통일 스페인으로 이어지는 시기의 흥미 있는 이야깃거리가 많아 이어폰을 꼽고 까딸루냐의 역사에 관한 가이드의 설명에 귀 기울이는 단체 관광객을 만날 수 있는 곳이기도 하다.

1484년 이후 어느 날, 레이 광장

한 사람이 끌려나온다. 광장 중앙에는 아주 큰 저울이 준비되어 있는데 저울의 한쪽에는 큰 성경이 올려져 있다. 끌려나온 사람을 저울의 다른 한쪽에 올라가게 한다. 성경보다 무거운 사람은 이교도이고 성경보다 가벼운 사람은 개종한 사람으로 인정받아 살아남는다.

왕의 광장은 중세 때 종교재판을 행하던 장소였다. 바르셀로나의 경우 1484년에 종교재판소가 설치되었다. 아울러 일반 범죄자들의 죄를 판단하기 위한 재판소도 함께 있었으며 감옥이 있는 곳이기도 했다. 죄인은 목에 자신이 지은 죄를 적은 종이를 걸고 있었으며 훔친 물건과 범죄에 사용한 도구들을 붉은 벨트에 묶어 걸고 있었다. 여러 면에서 왕의 광장은 좀 으스스한 곳이었다.

과거가 어떻든 지금의 왕의 광장은 중세적인 분위기 때문에 관광객들이 매우 좋아하는 곳이다. 왕의 광장은 낮도 좋지만 밤에도 좋다. 다른 광장과 달리 가로등이 없고 주변을 둘러싼 건물의 벽을 비추는 간접 조명만 있을 뿐이다. 이런 조명 때문인지 광장과 주변 건물은 영화세트나, 마분지로 만든 종이 구조물처럼 보인다. 좁은 입구를 통해 광장에 들어서는 순간 우리는 중세로 들어간다. 21세기의 통일 스페인에서 통일 전의 까딸루냐 왕국 시절로 돌아가는 것이다. 5층으로 된 마르띠Marti 탑 아치형 창에서 배어 나오는 간접 조명이 환상적인 분위기를 더한다. 검은 돌로 쌓아올린 벽 위로 풀들이 피어나고 종루 위에는 새들이 집을 지었다. 부채꼴로 된 14계단 안쪽에는 몇 명의 젊은이들이 앉아 광장 밖의 현대를 쳐다보고 있다. 중세에서 열 발자국만 걸어 나오면 휘황찬란한 현대가 있다. 현대와 과거는 불과 열 발자국이다.

1492년 12월 7일 정오 무렵, 레이 광장 돌계단

날은 얼어붙은 듯이 추웠다. 페르난도Fernando 왕이 왕궁에서 나와 첫 번째 계단을 내려서는 순간 기도실에 숨어있던 괴한이 바람처럼 그의 등 뒤로 다가선다. 그리고는 망토 속에 숨겨온 63cm 길이의 날카로운 칼로 왕의 목을 그어버린다. 순간 날쌘 왕실경호원 두 명이 괴한을 덮쳐 칼로 세 번을 찌르고 마지막 죽이려는 순간, 왕이 경호원들을 제지한다. 그를 살려두기 위해서가 아니라 암살의 동기와 배후를 밝히려는 목적에서다.

페르난도 왕에 대한 암살 시도 소식이 전해지자 왕의 무자비한 보복을 우려한 바르셀로나 시민들은 공포에 휩싸인다. 그러나 범인을 심문한 결과, 왕을 죽이면 자신이 왕이 될 것이라는 신의 계시를 받고 행한 정신이상자의 범행이라는 것이 밝혀진다. 페르난도 왕은 범인을 용서하라고 했으나 왕실은 그를 사형시킨 후 말에 메달아 바르셀로나의 거리를 끌고 다닌다. 블랏 광장Plaza del Blat에서 한쪽 팔을 자르고 보른 광장Plaza del Born에서 다른쪽 팔을, 그리고 자우메 광장Plaza Sant Jaume에서 귀와, 한쪽 눈과 한쪽 발을 자른 후 모든 사람이 그가 죽어가는 모습을 볼 수 있도록 한다. 바르셀로나 시민들에게 왕을 공격한 대가가 어떤 것인지를 똑똑히 보여주기 위해서였다. 괴한은 바르셀로나 출신의 농부로, 이름은 후안 데 까냐마레스Juan de Cañamares였다.

1493년 4월 마지막 날, 레이 광장 돌계단

전날 높은 파도에 시달려 만신창이가 된 세 개의 돛을 가진 범선에서 내린 사람들이 레이 광장 열네 개의 돌계단으로 올라선다. 그리고 살론 델 띠니엘Salon del Tiniel에서 기다리고 있던 이사벨Isabel여왕과 페르난도Fernando왕 앞에 무릎을 꿇는다. 왕실 신하 중 한 명이 돈 끄리스또발 꼴론Don Cristobal Colon을 호명하자, 마흔 몇 살쯤 되어 보이는 금발에 백발이 조금 섞인 남자가 일어선다. 그리고 왕 앞으로 다가가 인도실제로는 아메리카 대륙이었지만 그 당시에는 그렇게 믿었다.에서 발견한 것들을 서툰 스페인어로 설명한다. 그 사람은 제노바 출신의 뱃사람 콜럼버스였다. 그는 쟁반에 담긴 약간의 금붙이와 도마뱀과 뱀의 가죽들과 포로로 잡아온 원주민들과 같은 전리품들을 내어 놓는다. 왕실 사람들은 등 뒤에서 인도에서 가져온 것치고는 너무 보잘 것 없다고 수군거린다.

"금은 너무 적고, 후추나 생강 같은 값나가는 향신료는 아예 보이지도 않잖아……."

게다가 데리고 온 노예들은 눈이 하나뿐이거나 큰 외발을 가졌거나 꼬리가 달린 진기한 종족이 아닌 오들오들 떨고 있는, 인간과 똑같은 모양을 한 불쌍한 원주민일 뿐이었다. 그들은 노예처럼 맨발이었고 보통의 모자대신 큰 새의 깃털로 된 것을 쓰고 있었는데, 콜럼버스는 그 깃털이 이번에 발견한 인도에 사는 새의 깃털이라는 설명을 덧붙인다. 왕은 콜럼버스에게 금으로 된 동전을 선물하는데 이는 그에게 큰 부를 준다는 것을 의미한다.

바르셀로나의 상처와 슬픔이 액자처럼 걸려있는 곳, 산 펠립 네리 광장

바르셀로나에서 중세의 운치를 가장 잘 느낄 수 있는 곳은 대성당 뒤편의 좁은 골목들이다. 꼴**Coll**이라고 불리는 대성당 뒤편의 약간 언덕진 이곳에 이천 년 전에는 로마인들이, 중세에는 까딸루냐 왕국의 군주가, 지금은 대성당과 바르셀로나 시청과 까딸루냐 주정부 청사가 자리 잡고 있다. 따라서 이곳은 이천 년 전부터 지금까지 바르셀로나의 정치적, 정신적 중심지라고 할 수 있다.

대성당 광장의 환함을 뒤로 하고 성당의 오른쪽으로 난, 약간 경사진 언덕길 비스베**Bisbe** 길로 들어간다. 길 입구에는 마치 다른 세계로 향하는 곳임을 알려주듯 부서진 로마 성벽과 수도교가 남아있다. 중세의 물이 뚝뚝 떨어지는 듯한 저 골목 어디선가 갑옷에 방패를 든 기사가 치렁거리는 쇳소리를 내며 달려 나올 것 같고 검은 천으로 얼굴을 가린, 선연한 이마와 빛나는 눈동자를 가진 한 여인이 바쁜 걸음으로 지나쳐 갈 것만 같다.

그 길을 따라 조금 올라가다가 오른쪽으로 난 첫 번째 작은 골목 몬주익 델 비스베**Monjuic del Bisbe** 길로 들어간다. 골목은 오른쪽으로 굽어있고 언제나 정체를 알 수 없는 액체로 젖어 있다. 먼지 뒤집어 쓴 나무문엔 스프레이 낙서가 휘갈겨져 있고 창은 깨어져 있다. 알고 찾아오는 여행자가 아니면 들어서기가 꺼려지는 골목이다. 이 어두운 골목 끝에 산 펠립 네리**San Felip Neri** 광장이 있다.

1926년 6월 7일 오후 여섯 시

사그라다 파밀리아를 출발한 남루한 노인이 있었다. 행색으로는 노숙자 같기도 하고 또 어찌 보면 술주정뱅이 같은 이 노인은 평소처럼 바일렌**Bailen** 길을 따라서 그란비아**Gran Via** 길 부근까지 왔다. 언제나 그랬듯이 이날도 노인은 뭔가 골똘히 생각하며 걷고 있었다. 삼십 번 전차 운전사는 뒤늦게 노인을 발견하고 급한 종소리를 울렸지만 다른 것에 정신이 팔려있던 노인은 전차가 다가오는 소리조차 듣지 못했다. 노인은 전차에 치어 쓰러졌다. 그때가 오후 6시였다.

차장은 잠시 노인을 살펴본 후 철길 옆으로 치워두고 전차를 운전해 갔다. 세 대의 택시가 승차거부를 하며 노인을 그냥 지나쳤고 한 행인이 힘들게 잡은 택시로 라발지구의 산따 끄레우**Santa Creu** 병원으로 옮겼다. 노숙자 등 가난한 사람을 주로 치료하는 병원이었고 노인 역시 초라한 행색으로 인해 이곳으로 옮겨졌다. 신분을 확인할 만한 것이 아무것도 없어 노인은 몇 시간이나 방치되었다. 그날 밤 다행히 친구들이 수소문 끝에 그를 찾아와 큰 병원으로 갈 것을 권했으나 노인은 가난한 사람과 있고 싶다며 거절했다. 그리고 3일 후 파란만장한 삶을 마감했다. 이 노인이 바로 일흔 여섯 번째 생일을 며칠 앞둔 건축가 가우디였다. 그날도 매일의 일과처럼 사그라다 파밀리아 지하의 자신의 작업실을 떠나 산 펠립 네리 광장에 있는 성당에 고해를 하러 가는 길이었다.

1938년 1월 30일 아침

건물로 둘러싸인 광장엔 아직 겨울 해가 비추기 전이라 습기 머금은 찬 공기만 가득했을 것이다. 골목을 돌아든 바람 몇 조각에 낙엽 몇 장이 잠깐 날았다가 다시 떨어졌을 것이고 물이 말라버린 광장 중앙의 분수대엔 추워 보이는 새 몇 마리가 빵부스러기를 찾아 작은 몸짓을 하고 있었을 것이다. 여느 때라면 그렇게 평화롭고 조용한 광장이었을 테지만 이날은 달랐다. 좁은 광장에 갑자기 귀를 찢는 굉음이 쏟아졌다. 그 사이로 사람들의 비명소리가 들렸다. 세상에서 가장 슬픈 소리는 포성 사이로 들리는 아이들의 울음소리가 아닐까. 스페인 내전 당시 파시스트군의 비행기에서 쏟아진 포탄으로 산 펠립 네리 성당 지하 대피소에 피신해있던 어린아이 스물한 명을 포함한 마흔두 명의 민간인들이 죽었다.

내 유치한 공포 때문에
혼자 이곳에 있는 것이 너무 힘들지만
만약 네가 여길 떠나야한다면
그렇게 하라고 말해주고 싶어
왜냐하면 너의 흔적이 여전히 남아있고
그 흔적은 나를 혼자로 만들지 않아
이 상처들은 영원히 치유될 것 같지 않아
고통은 꿈이 아닌 현실이야
그걸 지우기 위해서는 너무 많은 시간이 필요해

미국 그룹 에반에센스**Evanescence**의 My Immortal 이라는 노래 가사다. 이 노래의 뮤직비디오는 산 펠립 네리 광장을 배경으로 촬영하였다. 광장과 분수와 학교와 이이들이 뛰어 노는 모습 등이 몽환적인 분위기로 처리되어 애처로움을 더해주는데, 광장의 이야기를 듣게 되면 그 뮤직비디오를 여기서 촬영한 이유를 알 수 있다.

산 펠립 네리 광장은 바르셀로나의 상처와 슬픔이 액자처럼 걸려있는 곳이다. 멀리는 중세시대에 유대인들의 무덤이 있었던 곳이기도 하니 산 펠립 네리 광장은 이래저래 죽음과 그로 인해 남겨진 사람들의 슬픔이 먼저 떠오르는 광장이다.

산 펠립 네리 광장을 찾았다면 먼저 중앙의 작은 분수대 가장자리에 앉아보자. 흔들리는 나뭇잎 사이로 어른거리는 빛과 구구거리는 비둘기 소리, 그리고 분수대에 물 떨어지는 소리, 가끔씩 바로 옆 대성당의 종소리가 한적한 광장을 채우

고 있을 것이다. 가우디는 아마도 분수대 가장자리 또는 가까운 벤치에 반쯤 기대
앉아 자신의 모든 것을 바쳐 짓고 있던 사그라다 파밀리아를 생각하지 않았을까.
장식 하나 없이 단조로운 성당의 벽면엔 폭격이 있었던 날의 흔적이 그대로 남아
있다. 그 흔적을 어루만지며 그날의 죽음들을 생각해본다.

광장 한쪽에는 먼지를 뒤집어 쓴 구두박물관이 있고 맞은 편 골목으로 나가
는 길목엔 수제 비누공방이 있다. 어떻게 보면 이 광장과는 어울리지 않는 것 같
지만 어느 것 하나 이 광장과 어울리지 않는 것도 없다.

산 펠립 네리 광장.

언제나 조용한 광장이지만 평일 오후 다섯 시 무렵이면 바르셀로나에서 가장
시끄러운 광장으로 바뀐다. 광장 한쪽에 있는 산 펠립 네리 초등학교에서 쏟아져
나오는 아이들 소리와 아이들을 기다리는 부모들 수다가 광장을 가득 채우기 때
문이다. 바쁘게 오가는 이들은 이 광장의 매력을 발견하지 못할 수도 있다. 적어
도 한두 시간은 쉬어 갈 수 있는 여유를 가진 사람이라면 이 광장을 꼭 찾기를 바
란다.

산 펠립 네리 광장으로 들어가는 길.
모르면 선뜻 들어가기가 꺼려지는 그 골목
끝에 작지만 아름다운 광장이 숨어있다.

산 펠립 네리 광장에 있는 성당의 벽면, 포탄 자국이
선명하게 남아있다. 가우디의 마지막 날 찾아오던
곳이어서 애잔한 감상을 불러일으킨다. 가끔은 깜짝
공연이 열리기도 한다.

피카소를 만나는 길

몬시오Montsio 골목

골목 입구, 벽에 붙은 젊은 속옷 모델의 강렬한 눈빛을 열일곱 살의 피카소가 보았다면 어떠했을까. 모델만큼이나 강렬한 눈빛을 지닌 피카소는 아마도 그냥 지나치지 않았겠지. 하늘이 푸르스름하게 내려앉고 가로등의 불빛이 점차 밝아지기 시작하는 저녁 무렵, 좁아서 아름다운 몬시오 골목으로 들어간다. 골목의 시작은 시끄럽고 밝지만 골목의 안쪽은 조용하고 어둡다. 소음과 정적, 밝음과 어둠은 불과 삼십 미터 사이에 얼굴을 대고 있다.

뽀르딸 델 앙헬Portal del Angel 길의 소음이 잦아드는 곳, 그리고 골목 입구의 밝음이 끝나는 곳에 붉은 벽돌로 된 건물이 있다. 필요 이상으로 과장된 쇠 문틀과 창틀, 그것들을 감싸고 있는 화려하고 정교한 돌 장식들, 신화적인 요소들로 가득한 조각상들, 그리고 붉은 벽돌. 한눈에 보아도 모더니즘 건축물인 것을 알 수 있다.

이 건물은 1896년 당시 섬유사업가인 프란섹 마르띠 이 뿌이그Francesc Marti i Puig 가 주택임대 사업을 위해 스물여덟에 불과한 젊은 건축가 조셉 뿌이그 이 까다팔치 Josep Puig i Cadafalch에 의뢰해서 지은 까사 마르띠Casa Marti이다. 젊은 날의 피카소가 즐겨 찾던 꾸아뜨로 가츠4Gats, 네 마리 고양이가 건물 1층에 있어 더 유명해진 곳이다.

젊은 건축가 조셉 뿌이그는 까사 마르띠를 신고딕 양식으로 디자인하였다. 수수한 까딸루냐 고딕양식에서 벗어나 북유럽 고딕양식의 화려함을 추구했다. 1층 출입문과 벽면은 단순하게 처리한 반면, 창과 발코니는 최대한 화려하게 장식하여 마치 불꽃이 이글거리는 듯한 느낌을 준다. 건물 모퉁이에는 아기 예수를 안고 있는 산 호세San Jose의 석상이 정교하게 조각되어 있고, 그 아래로 조셉 뿌이그가 자신의 건물에 낙인처럼 새겨 넣곤 했던 용을 무찌르는 산 조르디San Jordi 조각이 각인되어 있다.

4Gats에 대한 아이디어는 뻬레 로메우Pere Romeu에 의해 시작되었다. 그는 처음에는 그림에서 시작하여 모든 예술분야를 기웃거렸던 사람이었다. 그에게는

파리 몽마르뜨 부근의 르 샤 노아라는 카바레에서 웨이터 겸 흥을 돋우는 사람으로 일했던 미껠 우뜨리요라는 친구가 있었다. 그 친구의 영향을 받아 바르셀로나에도 르 샤 노아와 유사한 스타일의 카페테리아 겸 레스토랑을 열어 새로운 예술 경향을 공유할 수 있는 공간으로 만들고자 했다.

그러나 뻬레 로메우는 아이디어는 많았지만 돈은 없었다. 뜻을 공유하는 더 많은 사람이 필요하였고, 뻬레 로메우와 미껠 우뜨리요는 그 당시 꽤 알려진 예술가 라몬 까사스Romon Csas와 산띠아고 루시뇰을 규합하여 마침내 1897년 6월 4Gats의 문을 열게 된다. 이들 중 라몬 까사스는 부자였는데그라씨아 거리 까사밀라 왼쪽에 있는 건물로 지금 인테리어숍 VINÇON이 있는 곳이 라몬 까사스의 집이었다. 천정의 샹들리에와 가구 비용을 대주었으며 지금도 4Gats 실내 벽에 걸려있는 두 사람의 남자가 자전거를 타고 있는 큰 그림을 그려 선물하였다.

뻬레 로메우의 구상대로 이곳은 당시 바르셀로나 문화 예술의 새로운 경향을 실험하고 토론하는 장소가 되었다. 정치, 종교, 문화 등에 대한 토론회, 시낭송회 등이 먼동이 터오는 새벽까지 이어지곤 했다. 특히 비판적 견해를 가진 사람들을 초청해서 열띤 토론을 벌이기도 했는데 가우디도 그중 하나였다. 젊은 날의 피카소도 매일 밤 이곳을 찾았고, 1900년 2월 1일 이곳에서 자신의 첫 전시회를 열었다. 어떤 비평가들은 그의 새로운 시도에 대해 찬사를 보내기도 했지만 어떤 비평가들은 오리지널리티가 결여된 이상한 그림이라는 혹평을 하기도 했다.

4Gats를 찾는 고객을 다 열거하는 것은 불가능할 정도이다. 당시 문화 예술 경향을 선도하는 사람이거나, 적어도 그 분야에 조금이라도 관심이 있는 사람들은 모두 이곳을 찾았다. "지난 밤 4Gats에 가지 않았으면 별 볼일 없는 사람이다." 라는 말이 유행할 정도로 바르셀로나 지식인 사회의 명소가 되었다.

그러나 유행은 변하고 예술은 변덕스러운 법. 영원히 인기가 있었을 것 같은 그곳도 새로운 장소가 생기자 하나 둘 떠나버렸다. 4Gats는 데코레이션이 좋은 동네의 그저 그런 바르Bar로 전락해 버렸고 1903년 아무런 사전 예고도 없이 문을 닫았다. 그 후 우여곡절 끝에 1970년대 말 몇 명의 동업자들이 모여 레스토랑으로 새로 문을 열었고 1991년 대대적인 보수공사를 거쳐 지금의 모습으로 재탄생하게 되었다.

여행자에게는 백년이 지난 지금까지 당시의 보헤미안적인 분위기를 간직하고 있다는 것이 놀랍기도 하고 고맙기도 하다. 커피 값은 다른 곳에 비해 조금 비싸지만 70센트 정도 더 비싸다 벽에 걸린 그때의 그림들을 감상하며 피카소가 놀았던 시절을 상상해볼 만한 가치는 충분히 있다.

그런데 왜 이름을 네 마리 고양이로 지었을까? 스페인 속어 중에 "오직 고양이만 네 마리 있다."는 말이 있는데, 사람이 별로 없다는 뜻으로 문을 열 때부터 사람이 많이 오지는 않을 것을 예상하고 지은 이름이란다. 문을 열기도 전부터 사람이 없을 거라는 생각을 하는 사람이 있을까. 하지만 돈보다는 자신이 좋아하는 일을 좋아하는 사람들과 같이 하기 위한 목적이 더 컸다는 것을 알면 이해할 수도 있을 것 같다.

꾸아뜨로 가츠 맞은편에는 먼 나라에서 온 물건들을 파는 이국적인 분위기의 가게도 있고 스리랑카 음식점도 있다. 이 모든 것들이 몬씨오 골목의 분위기와 잘 어울린다. 그리고 만만치 않은 내공을 가진 듯 보이는 몇 개의 레스토랑을 지나 골목의 더 깊은 곳, 좁은 하늘에서 내려온 바람이 몇 바퀴 회전하며 사라지는 곳에 세상에서 가장 전통적인 모습을 간직하고 있는 이발소가 있다. 육십 년대나 칠십 년대 스타일의, 밀레의 만종이 걸려 있음직한 옛날 스타일의 이발소. 그곳에서 흘러나오는 하얀 형광등 불빛이 골목을 따뜻하게 한다.

문에는 'No Foto'라고 써 붙여 놓았다. 그렇지만 이야기라도 해 볼 요량으로 문을 열고 들어가니 머리가 하얀 할아버지 이발사가 달랑 세 개의 이발의자 중 하나에 앉아 선데이서울 같은 잡지를 보다가 반갑게 맞는다. 아마도 나를 손님으로 생각했나보다.

"바깥에 붙어있는 글은 잘 보았습니다만 사진 몇 장 찍으면 안 될까요?"

몬시오 골목의 지극히 예스런 이발소.
얼마나 많은 관광객들이 사진을 찍어댔는지
'NO FOTO'라는 안내문을 잘 보이게
붙여놓았다.

100년 전에 피카소가 다니던 까페떼리아가
그대로 남아있다는 것은 즐거운 일이다.
당시 장식 그대로이며, 오른쪽 벽면의
라몬 까사스 자전거 그림의 원본은 까딸루냐
국립미술관에 전시되어 있다.

손님인 줄 알았는데 사진을 찍으려는 관광객인 것을 안 순간 표정이 일그러졌다가 금세 평정을 되찾는다.

"미안해요, 이곳에서는 사진을 찍을 수 없어요."

너무나 단정적인 말투라 더 이상 말을 붙일 수가 없다. 그곳을 지나는 여행객들 모두 나처럼 사진을 찍고 싶었나보다. 하기야 얼마나 많은 사람들이 귀찮게 했을까. 이발소 사진을 찍는다고 영업이 더 잘되는 것도 아닐 텐데 말이다. 산뜻한 미용실도 많은데 인근 주민이 아니고서야 이런 허름한 이발소에 선뜻 머리를 내밀 수 있는 용감한 여행객은 없을 테니까.

골목 끝에서 자전거 한 대가 검은 실루엣으로 다가와 지나간다. 그리고 백발의 노부부가 사진기를 목에 걸고 지나간다. 손에는 피카소 미술관 기념품숍 봉투가 들려있다. 이 골목에서는 모든 것이 다 정겹다. 다가오는 자전거도 세워둔 자전거도 벽에 비스듬히 기대선 흑인도 이국적인 소품가게도, 그리고 걷고 있는 사람들도. 백십 년 전 피카소가 헤집고 다녔을 골목이라 생각하니 더 그런지도 모르겠다.

아비뇽Avinyo 길

언젠가 페란Ferrana 길에서 만난 할아버지가 묻지도 않았는데 뭔가 중요한 비밀을 알려준다는 듯이 속삭였다.

"이 길 안쪽에 호텔이 있었는데 호텔 문을 열고 들어가면 왼쪽과 오른쪽으로 각각 다른 계단이 있었어. 왼쪽으로 올라가면 창녀들이 있는 방들이 있었고, 오른쪽 계단으로 올라가면 보통의 객실들이 있었지. 하룻밤 자는 것이 목적인 사람들은 오른쪽 계단으로, 다른 목적이 있는 사람들은 왼쪽 계단으로 올라가면 되었지."

피카소의 그림 중 큐비즘의 시초라고 평가되는 '아비뇽의 처녀들'에 나오는 아비뇽이란 지명이 바르셀로나 아비뇽 길이라는 해석이 있다. 아비뇽 길 근처에 피카소의 부모가 살았고, 또 피카소가 가장 좋아하는 길이었다는 것을 생각해볼 때 그렇게 이야기하는 것도 무리는 아니다. 그렇다면 그림에 나오는 창녀들이 있었던 유곽은 아비뇽 길 어디쯤에 있었을까.

기록에 의하면 그 당시 아비뇽 길은 부자들이 살던 아주 깨끗한 길이었다. 그곳에 살았던 사람들의 말을 들어봐도 그 길에 단 한 번도 유곽이 있었던 적은 없었다고 한다. 그런 정황으로 봐서 아비뇽의 처녀들에 나오는 사창가가 아비뇽 길에 있지 않았다고 주장하는 사람들도 있다. 그 길은 피카소가 종이와 물감을 사던 가게가 있던 길이었고, 유곽은 근처 다른 어떤 길, 어쩌면 피카소가 총각 딱지를 뗀 바르셀로나의 어떤 다른 골목일지도 모르겠다. 그러나 아비뇽 길에 붙어 있는 바이싸다 데 산 미겔**Baixada de San Miguel** 12번지, 지금의 호스탈 레반떼**Hostal Levante**가 있는 곳이 피카소가 자주 다녔던 유곽이 있었다는 말이 있으며, 호스탈 홈페이지에는 피카소가 자주 다녔던 아비뇽의 처녀들의 실제 장소가 여기다, 라고 홍보하고 있다.

아비뇽 길은 옛날 유대인들이 살았던 꼴**Call**이라는 조그만 언덕의 언저리에서 시작된다. 바르셀로나 꼴은 중세 유대인 지역 중 가장 중요한 곳 중 하나로 약 오천 명의 유대인들이 거주하였다. 유대인들만의 공간으로, 흔히 도시 속의 도시라 불렀다. 그곳에서 페란 길을 가로질러 본격적으로 아비뇽 길로 들어서면 신발과 모자를 파는 라 마누알 알파르가떼라**La Manual Alfargatera**를 만난다. 이 가게는 스페인 내전 직후인 1940년에 오픈, 지금까지 같은 자리에서 식물성 섬유 등 천연재료를 이용하여 신발을 만들고 파는 공방 겸 가게다.

아비뇽은 옛날 로마시대 성벽이 있던 자리였다. 그래서 길 모양이 둥근 성벽처럼 굽어져있다. 그렇게 굽은 길을 따라 내려가면 아비뇽 길에서 가장 화려한 곳인 그란카페**Gran Cafe**가 나온다. 레스토랑 겸 카페테리아인데, 반투명한 커튼 사이로 보이는 식사하는 모습이 좀 럭셔리해 보인다. 그 앞 길 모퉁이에 앞에서 말한 호스탈 레반떼가 있다.

barcelona

젊은 날의 피카소가 들락거렸다는 유곽이
있었던 지리. 지금은 호스텔로 사용되고
있는데 호스텔 홈페이지에 가면 피카소가
들락거렸다는 안내문이 게시되어 있다.

47

아비뇽 길을 따라 내려가면 양옆으로 수제 느낌이 나는 신발가게가 있고 이국적 분위기가 물씬 풍기는 기념품가게도 있다. 빨강, 파랑의 빙글빙글 돌아가는 간판이 어울릴 것 같은 오래된 이발소 스타일의 미장원도 있고 젊은 중국인이 하는 옷가게도 있다. 기타 치는 남자, 꽃을 들고 있는 남자, 맥주 마시는 남자와 여자가 있는 수상한 광장에서 이어지는 언덕길엔 뉴욕 할렘스타일의 재즈클럽도 있다.

그리고 베로니까**Veronica** 광장에서 또 다른 수상한 광장인 조지 오웰**George Orwell** 광장으로 연결되는 짧은 골목길도 나온다. 19번지에는 안쪽의 창고에 로마시대 성벽이 남아있는 조그만 식당도 있다. 바르**Bar**들이 나오기 시작하고, 그 곳에서 흘러나오는 음악소리, 축구중계소리 같은 소란스러움이 오히려 정겹다.

항구에 닿을 무렵, 넓은 길이라는 뜻이지만 넓지 않은 암쁠레**Ample** 길이 나오고 맛있는 선술집 셀따**Celta**를 만나면 아비뇽 길 여행은 끝난다. 나그네의 감상을 느끼고 싶으면 셀따에서 사발에 마시는 화이트 와인과 문어 숙회 같은 뿔뽀 가에고**Pulpo Gallego**를 맛보길 권한다. 꼼장어 굽는 선창가 선술집은 아니지만 아비뇽 길을 걸어 내려온 나그네의 가슴 깊은 곳에서 어쩌면 파도 소리가 들릴지도 모른다.

몬따까다Montacada 길

얼핏 보면 보른지구의 그렇고 그런 낡은 골목 중 하나지만 중세에는 바르셀로나에서 가장 잘 나가는 골목이었다. 12세기 경 바르셀로나가 지중해 중심 항구였을 때 이 길은 해상교역 물품들이 오가는 상업과 무역의 중심로였고 귀족들과 거상들의 저택들이 이 길에 들어서기 시작했다. 이전까지는 모두 성벽 안쪽에 주택들이 있었지만 이곳은 성벽 밖에 위치한다. 따라서 성 밖에 위치한 최초 주거지라고 할 수 있다.

이 길은 고딕지구의 다른 골목들처럼 낡아 있다. 그러나 다른 골목들의 낡음과는 다른 '웅장한 낡음'이란 표현이 맞을 것 같다. 길지 않은 이 길을 걸으며 검은 돌 벽들을 만져본다. 그 돌들에 켜켜이 쌓인 바르셀로나 지중해 시절의 영광스러운 이야기가 들리는 것 같다. 그 길에서 시작되는 좁은 골목길을 기웃거려보는 것도 재미있다. 가끔씩 소형영화나 뮤직비디오를 찍는 광경을 볼 수도 있고 허리 굽은 노파가 힘들게 걷는, 가슴 한쪽이 텅 비어오는 쓸쓸한 뒷모습을 볼 수도 있다. 골목 사이로 수제 구두를 만드는 작은 공방들을 만나는 것도 큰 즐거움이다.

대부분의 집들은 육중한 아치형의 나무문을 통해 들어가면 크지 않은 마당이 있고, 마당의 계단을 통해 메인 층으로 들어가는 구조다. 저택들은 지금은 피카소 미술관, 섬유박물관, 그리고 식민지 이전의 멕시코 및 캐러비안의 예술작품들을 모아놓은 박물관 및 사설갤러리 등으로 쓰이고 있다.

피카소 미술관은 아길라르 저택**Palacio gotico Aguilar**, 바로 데 까스뗄렛 저택**Palacio del Baro de Castellet**, 메까 저택**Palacio Meca**, 까사마우리**Casa Mauri** 및 피네스뜨레스 저택**Palacio Finestres** 등 다섯 채의 저택들을 이어 붙여 사용하고 있다. 따라서 피카소 미술관에 들어가면 그 시절 귀족들의 저택 형식과 모양을 볼 수가 있다.

몬따까다 길에는 예술과 건축의 향기 말고도 또 하나의 향기가 있다. 참빠넷**Xampanyet** 바르가 그곳이다. 1930년대부터 삼대에 걸쳐 운영하고 있는 까바**Cava**, 샴페인와 바르셀로나 따빠**Tapa** 전문점인데, 시장 선술집 같은 분위기로 인해 바르셀로나 사람들뿐 아니라 여행객들도 매우 좋아하는 곳이다. 따빠란 덮다는 뜻의 스페인어 동사 따빠르**Tapar**에서 유래되었다. 옛날 호리병식 와인 용기에 벌레가 들어가지 못하도록 조그만 빵조각이나 하몬 조각, 또는 조그만 접시 등으로 덮어두곤 했는데 이 조그만 접시를 따빠라고 했다. 오늘날에는 이 조그만 접시에 작은 양의 음식을 서빙해 주는 형태를 따빠라고 한다. 따빠와 유사한 삔쵸**Pincho**는 빵조각 위에 몇 개의 음식을 꼬챙이에 꽂아서 서빙한다. 주로 북쪽 바스크지방에서 흔히 볼 수 있다. 따라서 삔쵸는 따빠의 바스크식 버전이라고 해도 크게 틀릴 것 같지 않다. 최근 몬따까다 골목에 생긴 몇 개의 바스크식 따빠도 이 골목 산책을 더욱 즐겁게 한다.

이 골목은 느린 걸음으로 걷는 것이 좋다. 그래야 바르셀로나 중세의 오래된 이야기를 들을 수 있다. 그 이야기가 끝날 무렵 한때 바르셀로나 상업의 중심이었던 보른길**Passeig del Born**도 만날 수 있다.

까딸루냐 사람들이 즐겨하는 말 중에 "세상을 떠돌다 보른으로 돌아온다.**Roda al mon y torna al Born**"는 말이 있는데, 젊어서 어디에서 무엇을 하고 돌아다니다가도 나이가 들면 결국 보른으로 돌아온다는 뜻이다. 보른은 바르셀로나 사람들에게 일종의 귀소본능을 느끼게 하는 곳이고, 그 보른지구의 중심이 몬따까다 길과 보른 길이다.

피카소의 절친한 친구이자 비서였던 자우메 사바르떼스**Jaume Sabartes**는 까딸루냐 사람답게 세상을 떠돌다가 바르셀로나 보른으로 돌아와 1963년에 피카소 미술관을 열었다. 그러나 피카소는 프랑코의 독재가 지속되는 스페인에는 결코 돌아오지 않았다. 프랑코가 피카소보다 먼저 죽었으면 돌아왔을 텐데 피카소(1973년)가 프랑코(1975년)보다 먼저 죽었다.

몬따가다 길에서 이어지는 좁고 오래된
골목들. 작은 공방들이 많이 들어와 있어
바르셀로나 시에서는 이 지역 골목들을
수공예 골목으로 지정하여 지원하고 있다.

다양한 삶의 풍경, 라발지구

다양한 삶의 풍경, 라발지구

역광에 걸린 흑백 사진, 본수쎄스 길과 엘리싸벳 길

역광 속으로 자그마한 풍경들이 뿌옇게 걸려있는 골목 끝, 눈부신 햇살 속으로 오가는 사람들의 머리가 목탄으로 그린 거친 그림 같다. 그 머리들 사이로 전쟁터의 포탄연기처럼 올라가는 담배연기와 출처를 알 수 없는 뿌연 먼지들. 오후의 본수쎄스Bonsuces 길과 엘리싸벳Elisabets 길은 역광에 걸린 흑백사진처럼 보인다.

람블라스 길에서 라발지구로 들어가는 여러 길 중에서 가장 환한 본쑤쎄스 길과 엘리싸벳 길. 스페인어보다는 파키스탄어가 더 자주 들리고 필리핀, 아프리카, 모로코 등의 이민자들이 더 많이 오가는 길이다. 가난한 이민자들의 삶의 터전인 라발 뒤편과 람블라스 길을 이어주는 길이라 더욱 이국적인 느낌이 강하다. 조류가 만나는 곳에 플랑크톤이 풍부하듯이 이 주변은 여러 문화가 만나 삶의 모습이 더 다양하고 더 풍성하다. 그래서 여행객들은 라발지구를 좋아하고 라발지구의 중심인 이 길들을 좋아한다.

람블라스에서 모더니즘 형식의 나달약국Farmacia Nadal 간판을 끼고 들어오면 먼저 나오는 길이 본수쎄스 길이다. 온갖 종류의 피자 냄새, 케밥 냄새가 제3세계 음반들을 취급하는 오래된 음반가게 에뜨노무씨etnomusi에서 나오는 음악들에 버무려져 더욱 이국적이다.

여행객이라면 골목 초입에서부터 뿜어져 나오는 보헤미안적인 분위기에 가슴이 뛸지도 모른다. 칠십 년대 시골 읍내 스타일의 양품점과 수더분한 분위기의 바르는 고향 마을에 온 것처럼 편안함을 준다. 노천카페에서 과자 같이 파삭한 햇볕과 함께 한가한 오후를 즐기는 사람들의 표정 또한 여유롭기만 하다. 동사무소 옆 계단의 노숙자 몇 명은 벌써 맥주 캔을 몇 개 비웠고 얼굴은 붉게 물들었다. 그들이 데리고 다니는, 그들만큼 지저분해 보이는 큰 개는 편안하게 누워 오가는 사람들을 구경하고 있다. 가끔씩 귀를 찢는 듯한 오토바이 소음과 현대미술관MACBA 앞 광장으로 향하는 보드족의 요란한 보드 소음조차 이 골목에서는 그리 귀에 거슬리지 않는다. 사람이 사는 모습이 이런 것이 아니겠는가.

이어지는 길이 엘리싸벳 길이다. 큰 문방구 같은 화방을 지나 창고건물처럼 생긴 곳에는 책방이 있다. 수줍은 여행객들은 절대로 들어가지 못할 것 같은 동네 선술집 같은 바르 문 앞에서 피어싱과 문신을 심하게 한 남녀가 담배를 피우고 있다. 맞은 편 신발회사 깜뻬르**Camper**에서 운영하는 부띠끄 호텔은 붉은 조명 탓인지 얼핏 보면 무슨 홍등가 같다.

호텔 맞은편 넝쿨 우거진 담장 너머에 낮은 건물들이 숨어있다. 담장 옆 나무 우거진 곳에서 큰 새 날갯짓 소리가 들리고, 잘 들어보면 구구거리는 비둘기 소리와 함께 아이들 노는 소리도 들린다. 어디서 아이들이 놀고 있는 것일까. 소리를 따라 골목으로 들어가 보지만 골목 어디에도 학교 같은 건물은 없다. 스페인에서는 건물의 외관만으로 학교와 병원과 종교 시설들을 구분하기가 쉽지 않다. 하지만 학교가 있는 것은 분명하다.

아니나 다를까 골목 입구 벽면에는 에스꼴라 라보우레**ESCOLA LABOURE**로 되어 있고 '까딸루냐 유네스코 문화유산'으로 지정되어 있다는 안내문도 붙어있다. 입구에는 어느새 아이들 마중 나온 다국적 학부모들로 가득하다. 시계를 보니 오후 다섯 시가 다 되어간다. 라발지역은 단위 면적당 가장 다양한 국적을 가진 사람들이 사는 지역으로 조사된 바 있다.

그들 틈을 빠져나오면 보드 타는 아이들로 가득한 환한 광장, 현대미술관 앞 광장이 나온다. 람블라스 길에서 본쑤세스 길, 그리고 엘리싸벳 길을 통해 현대미술관에 이르는 이 길은 라발지구의 정취를 안전하면서도 제대로 느낄 수 있다.

병원, 도서관, 압센트 그리고 꽃을 파는 여인들

그녀들이 나를 아래위로 훑으며 중국인? 일본인? 필리핀인? 말을 걸어온다. 예상은 했지만 생각보다 훨씬 더 많은 눈들이 "여긴 동양인 관광객들이 사진기 메고 오는 곳이 아냐."라고 말하는 것 같다. 목에 카메라를 건 동양인은 그들의 눈엔 관광객일 뿐 기다리던 고객은 아닐 테니까.

람블라스 길에서 라발지구로 들어가는
본수쎄스 길 입구. 오른쪽에 모더니즘
형식으로 장식 된 나달약국의 간판이
보인다.

로바도르Robador 길. 이름부터가 좀 수상쩍다. 스페인어로 로바르Robar는 '훔치다'는 동사여서 로바도르는 '훔치는 사람', 즉 도둑놈이 연상된다. 나중에 스페인 친구에게 확인해보니 로바도르라는 단어는 존재하지 않고 도둑놈과도 전혀 상관없다고 한다. 그런데도 내게는 여전히 그런 의미로 다가온다.

라발지구에서 항구 쪽으로 위치한 이 길은 상 빠우San Pau 길, 산 라몬San Ramon 길과 더불어 바르셀로나의 대표적인 사창가가 있는 길이다. 밤에는 물론 한낮에도 여자들이 벽에 기대어 서 있다. 정체를 알 수 없는 흑인들이 퀭한 눈으로 서 있기도 하고, 할 일 없는 노인네들도 떨어진 빵조각을 쫓아다니는 비둘기처럼 주위를 배회하곤 한다. 그래서 여행자에게 권할 만한 곳은 아니지만 나에게는 이 부근이 옛날 바르셀로나 라발지구의 모습을 가장 잘 보여주기 때문에 가끔씩 지나치곤 한다. 그런데 요즘은 꾀가 늘어 걷지 않고 자전거를 타고 지나간다.

바다 쪽을 향해 서서 람블라스 길 오른쪽 지역을 라발지구라고 부른다. '라발'은 '황폐한 땅'이란 뜻으로, 지금의 람블라스 길이 있던 바르셀로나 성벽 바깥에 위치한 지역이었다. 람블라스가 물이 흐르는 도랑이었다는 것을 생각하면 당시 라발의 모습이 어땠을지 대충은 상상해 볼 수 있을 것이다.

구도심, 즉 고딕지구를 둘러싼 성벽이 지금의 람블라스 길을 경계로 서 있다. 그 옆으로 도랑이 있었다. 도랑 오른쪽에는 무엇이 있었을까. 버려진 땅, 움막, 수도원, 오래된 병원 등이 있는, 한마디로 사람들이 사는 곳은 아니었다. 그러나 인구가 늘어남에 따라 성벽을 허물게 되고, 성벽 밖의 버려진 땅에는 이민자 등 가난한 사람들이 모여들었다. 그렇게 모여든 온갖 부류의 사람들이 라발의 색깔을 칠해나간다.

한때 라발지구, 특히 보께리아 시장 아래쪽의 바리오 치노Barrio Chino는 그들만의 법과 그들만의 질서가 존재하는 일종의 섬 같은 곳이었다. 강도, 소매치기, 담배 밀매상, 마약중독자, 성전환자, 창녀들의 세상이었으며 노동자와 무정부주의자들이 모여들어 그들만의 은밀한 회합을 가지던 곳이었다. 소매치기들은 합숙

소를 만들어놓고 아이들에게 소매치기 기술을 전수하였고, 유곽들에서는 생식기 관련 불법 의료가 성행하였다. 세바스띠아 가쵸**Sebastia Gacho**라는 작가는 당시 바리오 치노 거리 중 하나인 따삐에스**Tapies** 거리를 이렇게 묘사하였다.

"1920년대 따삐에스 거리는 바르셀로나에서 가장 펄펄 끓는 용광로 같은 곳이었다. 골목은 길고 좁았으며 언제나 그늘이 졌다. 그래서 눅눅했다. 코딱지만 한 어두침침한 바르에서는 나이든 여인들이 다리를 벌리고 앉아 이제는 아득하기만 한 젊은 시절의 추억을 그리워하고 있었다. 골목에는 지린 오줌냄새와 함께 범죄의 냄새가 가득했고, 금이 간 벽, 어두운 문, 얼기설기 엮어놓은 창틀로 된 집 앞 인도 한편엔 뚱뚱하고 불친절한 늙은 창녀가, 몇 안 되는 행인들에게 십분 간의 사랑 없는 쾌락을 제공하기 위해… 그리고 밤이 되면 피비린내와 함께……."

보통 사람들은 바리오 치노라고 불리는 바다 쪽의 라발지구에 가기조차 싫어했지만 문인, 화가 등 예술가들에게는 무척이나 매력적인 곳이었다. 피카소의 그림, '도둑일기'로 알려진 프랑스 소설가 쟝 주네, 최근의 베스트셀러인 《바람의 그림자**La Sombra del Viento'**》의 작가인 까를로스 루이스 사폰**Carlos Luis Zafon**까지 그들은 이곳에서 작품의 영감을 얻었다.

하지만 이제 라발지구는 변했다. 미로 같은 골목에 숨어있는 좁고 낡은 아파트들을 허물고 새로운 건물들을 짓고 있다. 현대미술관 등 문화예술 공간을 만들어 외부 사람을 끌어들이고, 낡은 병원은 동네도서관으로 바뀌어 이민자들과 그들의 아이들이 자유롭게 와서 책을 읽는 공간으로 변했다. 평범한 것을 싫어하는 보헤미안들은 고유의 바르와 레스토랑을 열었으며, 그런 것을 좋아하는 여행객들이 점점 늘어나고 있다. 그들을 매개로 하여 외부의 신선한 공기를 공급받고 있다. 라발은 더 이상 그들만의 섬이 아니라 문화가 살아있는 싱싱한 삶의 현장으로 변모하고 있다.

물론 모두 다 변한 것은 아니다. 피카소와 달리가 즐겨 찾았다는, 압센트를 파는 술집 마르세야**Marsella**는 수십 년이 지난 지금까지 같은 자리에서 압센트를 팔고 있다. 선원, 미국 해군, 마약장이, 창녀, 부랑아 등 평범하지 않은 사람들만 득실거리던 라발지구는 아직도 빈곤한 지역임에 틀림없다. 그러나 인간적인 면에서는 바르셀로나 어느 지역보다 부유하고 풍부하다. 그래서 노스탤지어를 그리워하는 여행객들은 일부러 찾는 공간이다.

　현대미술관이 있는 라발지구 위쪽은 밤에 다녀도 아무 문제없다. 바리오 치노 쪽 몇 개 골목에는 아직도 벽에 기대선 창녀들이 낯선 말을 걸어오지만 신변에 위험을 줄만한 위협은 없다. 그러나 짧은 일정으로 바르셀로나를 찾는 여행객들에게까지 굳이 권하고 싶지는 않다.

라발지구는 단위 면적당 가장 다양한
국적을 가진 사람들이 모여 있는 곳으로
유명하다. 라발지구의 이발소 간판인데
아랍권의 어느 곳에 와 있는 듯하다.

종합선물세트 같은 리발지구의 아파트.
널린 빨래만 봐도 가족 구성원을
알 수 있고 그 가족의 국적까지 유추할 수 있다.

ipcosa

전혁적이 라발지구 풍경. 낡아서 아름답고
낡아서 편안할 때가 있다. 이른 아침 라발지구의
골목을 걷다보면 리스본이나 쿠바의 뒷골목을
걸을 때의 느낌이 든다.

중세의 영광과 추억, 고딕지구

barcelona

달콤한 골목, 페뜨리촐

사람을 따뜻하게 하는 골목이 있다. 그 골목에 들어서면 언젠가 한번은 걸어 본 것 같은 느낌을 준다. 좁은 골목 양쪽의 집에는 먼지 앉은 문패가 보이고 두 사람 서면 꽉 차는 작은 발코니에는 조그만 화분이 놓여있다. 이상하게도 낮보다는 밤이 더 밝고, 따뜻한 조명에 비친 가게의 오렌지색 벽이 잘 어울리는 길이다.

바르셀로나 사람들이 가장 좋아하는 골목으로, '달콤한 골목'으로 불리기도 한다. 예전에 이곳에는 달콤한 핫초코 가게들이 많았다. 지금은 대부분 없어졌지만 마힌 까세스가 1947년에 문을 연 핫초코 가게 라 빠야레사**La Pallaresa**는 예전 모습 그대로이다. 초콜라떼 수이쏘**Choclate Suizo**라는 크림을 잔뜩 부은 핫초코와 츄러스, 플란**Flan** 등 달콤한 것들을 전통적인 방법으로 만들어 판다. 바르셀로나 사람들이 람블라스 길에 산책을 나왔거나 인근 산따 마리아 델 삐**Santa Maria del Pi** 성당에서 미사를 드리고 나오는 길에 간단한 요기를 하곤 했다. 둘씨네아**Dulcinea** 핫초코 가게도 있는데 바르셀로나 출신 저널리스트 마루하 또레스와 초현실주의 화가 살바도르 달리와 같은 유명 인사들이 즐겨 찾던 곳이다.

이 골목에는 피카소, 산띠아고 루씨뇰, 라몬 까사스 등 당대 화가들이 전시회를 열던 갤러리 살라 빠레스**Sala Pares**가 있고 수제 보석가게들도 있다. 핫초코의 달콤함, 보석과 같이 눈으로 보는 달콤함에 예술적 달콤함까지 느껴볼 수 있는 골목이라 '달콤한 골목'이라고 부른 것이다. 불과 백 미터 남짓의 좁고 짧은 골목에는 갤러리, 앤티크한 실내소품가게, 피레네산맥 지역의 모든 지도를 다 구비한 등산전문 책방, 수제 액세서리점, 1898년에 문을 연 매듭종류만 파는 빠사마네리아 솔레르**Passamaneria Soler**와 같은 가게들이 있다.

뻬뜨리촐 골목은 향수를 불러일으킨다. 불 켜진 핫초코 가게 유리창으로 보이는 사람들의 환한 미소가 고향집 부모 형제를 생각나게 한다. 명절에 귀향하여 읍내 빵집에서 친구를 만나 이야기를 나누던 그 따뜻한 불빛들처럼 떠남이 아니라 돌아옴이 생각나는 골목이다.

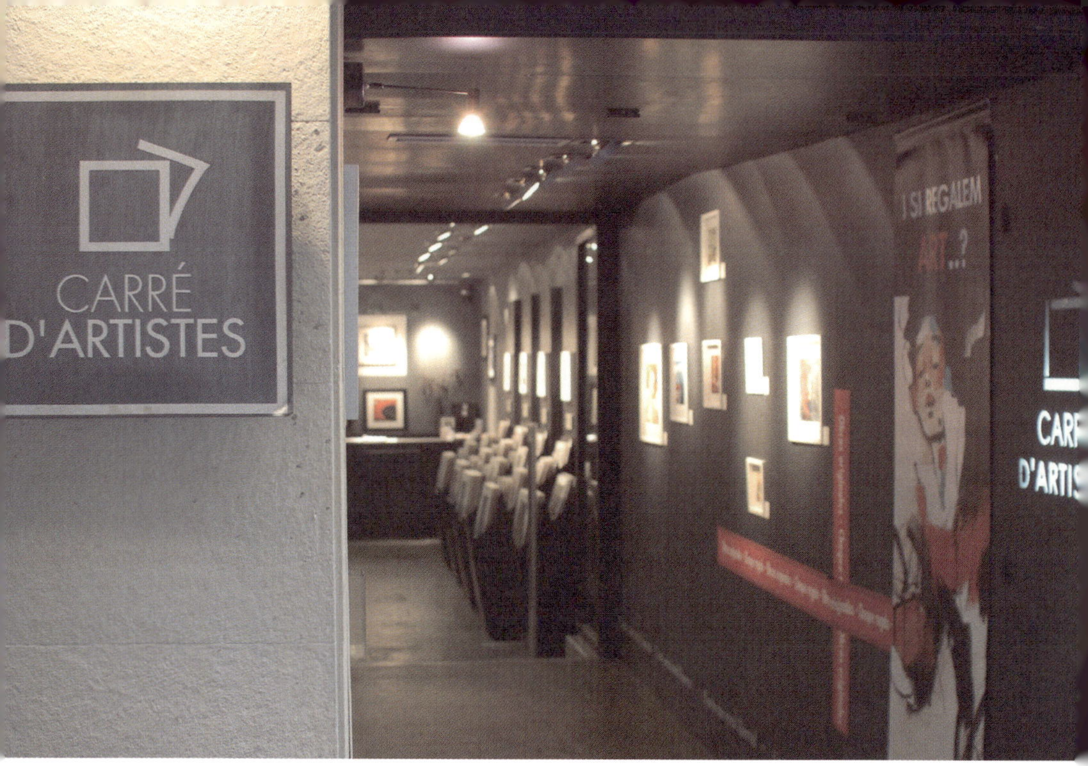

barcelona

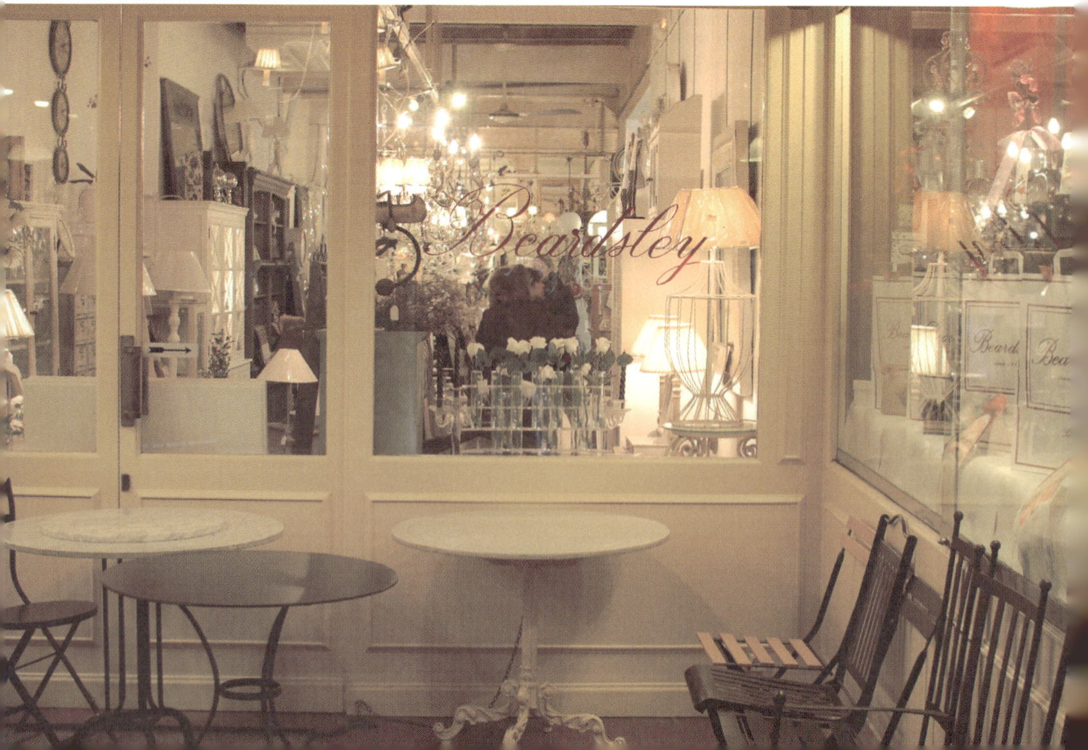

바르셀로나 사람들 사이에서 달콤한
골목이라 불리는 뻬뜨리촐 골목.
초콜릿 가게, 화랑, 보석가게, 장신구가게 등
달콤한 가게들이 몰려있어 그렇게 부른다.

첫사랑에 대한 추억, 페란 길

페란Ferran 길. 바르셀로나 중세의 영광스런 흔적이 남아있는 페란 길 입구에 근사한 성문은 없다. 맥도날드와 KFC가 고색창연한 성문을 대신하고 있고, 담배 문 젊은이들로 시끌벅적한 아일랜드 스타일의 펍들이 여행객을 맞이한다. 이곳에서도 중국식당은 빠지지 않는다. 이름도 국제적인 국제반점國際飯店이 뻗어나가는 중국의 생명력을 여실히 보여주는 것 같다. 한쪽에는 젊은이가 구걸을 하고 있다. 저렇게 멀쩡한데 누가 동전을 줄까. 그리고 그들은 왜 큰 개를 한 마리씩 데리고 다니는 걸까.

길은 위쪽으로 조금 경사져 있다. 그러다보니 오가는 사람들의 머리가 계곡물에 떠내려 오는 수박 같다. 경사진 길을 건물의 벽에 달린 아름다운 가로등이 운치 있게 밝히고 있는데, 가우디와 많은 작업을 같이했던 건축가 조셉 마리아 주졸Josep Maria Jujol이 만든 것이다. 사람들 틈으로 아프리카, 아시아, 그리고 아메리카 기념품숍들을 괜히 기웃거리고 세탁소와 빵집, 세상의 모든 칼을 다 모아둔 것 같은 칼 가게도 지난다.

그리고 거울 같은 카페테리아 쉴링Schiling. 나에게 바르셀로나에서 가장 낭만적인 카페테리아를 꼽으라면 이곳을 꼽겠다. 넓은 창으로 오가는 사람들을 볼 수 있고 실내는 언젠가 영화에서 본 적이 있는 프랑스 식민지 시대의 베트남 레스토랑 분위기가 난다고 하면 나만의 생각일까. 군데군데 칠 벗겨진 오렌지 벽과 천정, 테이블마다 조그만 양초가 놓여있고 그윽한 눈으로 서로를 쳐다보는 연인들.

내가 만약 영화 시나리오를 쓴다면, 내 영화의 첫 장면은 람블라스 길에서 바라보는 페란 길이 될 것이다. 건물 외벽에 매달린 고풍스런 가로등에 불이 켜지기 시작하면, 길이 끝나는 저쪽 어디선가 깊고 투명한 종소리가 들려오고 경사진 길 저쪽 편에서 내려오는 수많은 사람들. 형체도 없는 얼굴을 가진 수많은 사람의 물결 사이에서 딱 한사람. 하얀 얼굴과 검은 눈동자, 그리고 붉은 입술을 가진 첫사랑의 여인. 그때 비브라토 잔뜩 들어간 바이올린 선율이 흘러야 하리라. 검푸른 하늘로 새 몇 마리 푸드덕 날아가야 하리라.

그리고 장면이 바뀌어 다시 커다란 창이 있는 까페테리아 쉴링. 빨간색 에스 뜨레야Estrella 맥주 한 병씩 놓인 테이블을 사이에 두고 마주 앉은 두 사람. 촛불은 가볍게 일렁이고 창밖에서는 그들의 대화가 들리지 않는다. 아련한 아코디언 연주 곡 한곡이 끝날 때까지 카메라 앵글은 움직이지 않는다.

호스텔 페르난도Fernando 앞은 언제나 젊은이들로 가득하다. 고딕지구의 한복 판에 있고 도미토리룸이 있는 저렴한 호스텔이라 젊은이들이 많이 찾는다. 젊은 이들의 소란스러움이 호스텔 앞 자우메Jaume 성당에서 울리는 종소리에 잠긴다. 자우메 성당은 한때 바르셀로나 상류층이 미사를 드리던 곳이었다. 미사를 드린 후 그들은 페란 길에 늘어서 있던 보석가게의 진열장을 기웃거렸을 것이고 람블라 스 길을 따라 항구까지 산책을 하곤 했을 것이다.

자우메 성당은 유대인의 시나고가Sinagoga가 있던 곳으로, 1391년 가톨릭 정부 가 유대인을 몰아내면서 차지하였다. 자우메 성당은 고딕지구에서 사람들의 왕래 가 가장 많은 길에 위치해 있지만 여행객들이 지친 다리를 잠시 쉬어가기에 좋다. 오래된 성당이지만 최근에 보수를 해서 정갈하고 따뜻한 느낌을 준다.

페란 길 옆으로 난 골목들은 고딕지구의 전형적인 정취를 보여준다. 집들은 닿을 듯이 붙어있고 하늘은 보일 듯 말듯 건물에 닫혀있다. 피카소의 '아비뇽의 여인들'의 모델인 창녀들이 있었다는 아비뇽 길과 중세 유대인 거주지역인 꼴Coll 로 들어가는 골목이 이 길에 붙어있다. 그리고 페란 길이 끝나는 곳에 시청과 까 딸루냐 주정부 청사가 있는 자우메 광장이 있다. 페란 길은 바르셀로나의 가장 중 심부로 향하는 길이다.

상념에 잠기는 오후, 꼼떼스 길, 삐에땃 길, 그리고 비스베 길

바르셀로나 대성당을 정면에 두고 성당의 왼쪽 벽면을 따라 난 꼼떼스Comtes 길, 오른쪽 벽면을 따라 난 비스베Bisbe 길, 그리고 성당 제단 뒤편을 둥글게 감싸고 있는 삐에땃**Pietat** 길. 삐에땃 길은 꼼떼스 길과 비스베 길이 연결되는 골목이기도 하다. 대성당을 감싸고 있는 이 길들은 검은 이끼가 가득한 돌벽으로 둘러싸여 있어서 세월의 깊이가 주는 '영원성'과 인간이 가진 '유한성'을 자각하게 된다. 혼자만의 생각에 잠기기에도 좋은 곳이다.

꼼떼스 길 모서리가 닳은 돌의자에 앉아 잿빛 하늘을 닮은 거리악사의 호른으로 연주하는 '아베마리아'를 듣는다. 남루한 차림에 호른을 쥔 거친 손은 고급스러워 보이는 악기와는 얼핏 어울리지 않아 보인다. 그러나 그가 연주하는 음악도 음악이지만 가정을 책임진 가장으로서의 무게가 느껴져 동질감을 느낀다. 지금까지 얼마나 많은 골목길에서 얼마나 많은 '아베마리아'를 연주했을까.

이곳은 우물 같은 울림을 가진 곳이라 거리악사들이 좋아하는 곳이다. 우물 속에서 듣는 아베마리아를 생각해보라. 어쩌면 '사랑하는 그대에게'로 시작되는 편지를 쓰고 싶어질지도 모른다. 그러나 말들이 사라진 지 이미 오래, 그 편지지를 어떤 말로 채울 수 있을까.

한 때 말들이 그냥 나왔던 시절들이 있었다. 함께 술 마시던 친구가 잠시 자리를 비웠을 때도 말이 마구 나와 화장지에 갈겨 써 놓았던 적도 있었다. 생각이 지나가는 자리에, 수많은 골목과 그 골목의 선술집 술잔마다 시가 넘쳐났다. 그렇게 쓴 시들이 《친구가 화장실에 갔을 때》라는 책으로 출간되었고, 1990년대의 베스트셀러 중 하나로 많은 사랑을 받기도 했다.

지금도 자기 집 책꽂이 한쪽에 꽂혀있던 그 시집을 기억하는 사람이 아주 많다. 그러나 결혼을 하고 아이들이 태어나고 내가 걷는 길이 언제나 상상 가능한 길이 되자 단 한마디의 말도 나오지 않았다. 그리움이나 외로움 같은 단어는 내 손닿는 곳 어디에도 없었다. 그리움이나 외로움이 없으니 말들이 어떻게 나오겠는가.

갑자기 어디선가 수많은 종소리가 날아든다. 한두 군데서 날아드는 것이 아니다. 한 마리가 짖으면 다 따라 짖는, 시골마을의 개 짖는 소리처럼 하나의 종소리

뒤로 또 하나의 종소리가, 나중에는 모든 종소리가 한꺼번에 날아든다. 좁은 골목길에 굵고 가늘고, 또 높고 낮은 종소리들로 가득 찬다. 문득 시계를 보니 오후 6시다. 세상이 비오기 전 하늘처럼 어수선해지고, 놀란 새 몇 마리 건물사이로 좁게 열린 하늘을 향해 푸드덕 날아오른다.

거리의 음악가는 연주를 마치자 악기에 고인 침을 정성스럽게 떨어낸다. 이제 어둠이 내리면 벽에 매달린 노란 가로등이 달맞이꽃처럼 피어나고 호른 연주자는 모자에 담긴 동전을 확인하며 그가 만든 또 다른 하루를 기록할 것이다. 그리고 그 기록들이 쌓여갈수록 그의 호른 소리는 세상에 닮아있을 것이다.

씨디 한 장에 십 유로. 그 씨디를 살까 호주머니를 뒤적이다가 관두었다. 여기서는 정말 좋았던 음악도 집에서 들으면 전혀 아닌 경우가 태반이다. 뭐랄까, 울림도 냄새도 분위기도 빠져버린, 그저 그런 음악에 실망하기 마련이다. 그러나 가장으로서의 막연한 동질감에 일 유로짜리 두 개를 모자에 떨어뜨려준다. 눈 인사, 그 사람도 내 마음을 알았을까. 의례적인 눈 인사 이상의 온기가 느껴진다.

꼼떼스 길에서 대성당 뒤편을 둥글게 감싸며 이어지는 삐에땃 길. 환한 가로등 대신 전봇대에 매달린 삼십 촉 전등이 어울리는 길이다. 여기서 십 미터만 들어가면 로마시대 아우구스타**Augusta** 신전 기둥이 남아있는 조그만 마당이 나온다. 그 어스름한 기둥 옆에 포장마차 하나 있었으면 좋겠다. 김이 피어오르는 따뜻한 오뎅 국물 안주삼아 소주 딱 세 잔만 마셨으면 좋겠다. 그러면 말들이 날아오겠지. 그때 어쩌면, "사랑하는 사람에게"라고 시작된 편지를 채울 수 있을지도 모르겠다.

삐에땃 길을 빠져나오면 비스베 길을 만난다. 성당 주위에 있는 길 중 가장 사람의 왕래가 많은 길이다. 성당 앞 광장에서 시청이 있는 자우메**Jaume** 광장으로 이어지는 길이니 어찌 그렇지 않겠는가.

가끔씩 그 길 모퉁이를 애절하게 적시는 음악이 있다. 큰 눈을 가진 동구풍의 잘 생긴 남자는 항상 그곳에서 파헬벨의 '캐논변주곡'을 연주한다. 이 길을 지날 때마다 벽에 기대서서 몇 곡을 듣고 가곤 하는데, 어쩐 일인지 요즘은 손놀림이 무디어진 것 같다. 사는 일이 녹록하지 않은 것일까.

비스베 길은 언제나 다정다감하다. 검은 때가 탄 돌벽이 칙칙하기보다 세월의 깊이가 느껴져서 오히려 편안하다. 이천 년 전 로마시대에는 성문에서 중앙광장까지 연결되는 메인 길이었고 이후 비시고도**Vicigodo**족, 프랑크**Franco**족, 그리고 중세를 거쳐 지금까지 바르셀로나의 정치적, 정신적 중심지를 관통하고 있는 길이라서 느껴지는 깊이가 다르다.

길을 따라 왼쪽의 대성당을 지나면 길 양쪽 건물을 잇는 구름다리가 나온다. 느낌은 중세풍인데, 최근인 1928년에 만들어졌다. 까딸루냐 주정부 지사가 청사에서 공관으로 왕래하는 연결통로로 만든 것이다. 용도야 어떻든 이 다리에 관련된 몇 가지 루머가 있다. 대표적인 것이 사형수가 형을 집행하기 전에 자신이 지은 죄를 고해하러 가는 다리라는 것인데 이탈리아 사람들은 자기 나라에 있는 ‘탄식의 다리’가 훨씬 낫다는 이야기를 하기도 한다. 또 다른 루머는 다리 아래쪽에서 보면 칼에 관통당한 해골이 보이는데 누군가 이 칼을 뽑으면 바르셀로나가 지진으로 폐허가 된다는 것이다.

길을 따라 조금 더 내려가면 오른쪽 건물 위쪽에 용을 물리치는 산 조르디**San Jordi**의 부조가 있다. 바르셀로나에 있는 산 조르디 조각 중 가장 오래된 것이라고 한다. 가만히 살펴보면 산 조르디도 웃고 말도 웃고 있다. 용을 물리치고 공주를 구한 기쁨 때문일까. 그 옆에 떨어질 듯이 매달린 공주가 있는 것도 특이하다. 이어서 나오는 광장이 로마시대에 중앙광장이 있었던 곳으로 지금은 까딸루냐 주정부 청사와 바르셀로나 시청이 있는 자우메**Jaume** 광장이다.

페란 길의 낮과 밤. 중세적인 분위기를
간직하고 있는 곳이라 '향수' 등과 같은
영화 촬영장소로 자주 이용된다.

대성당 뒤편의 비스베, 삐에땃, 꼼떼스
길은 우물 속처럼 깊다. 그래서 걸으면서
생각하기가 좋고 울림이 좋아
거리악사들이 선호하는 곳이기도 하다.

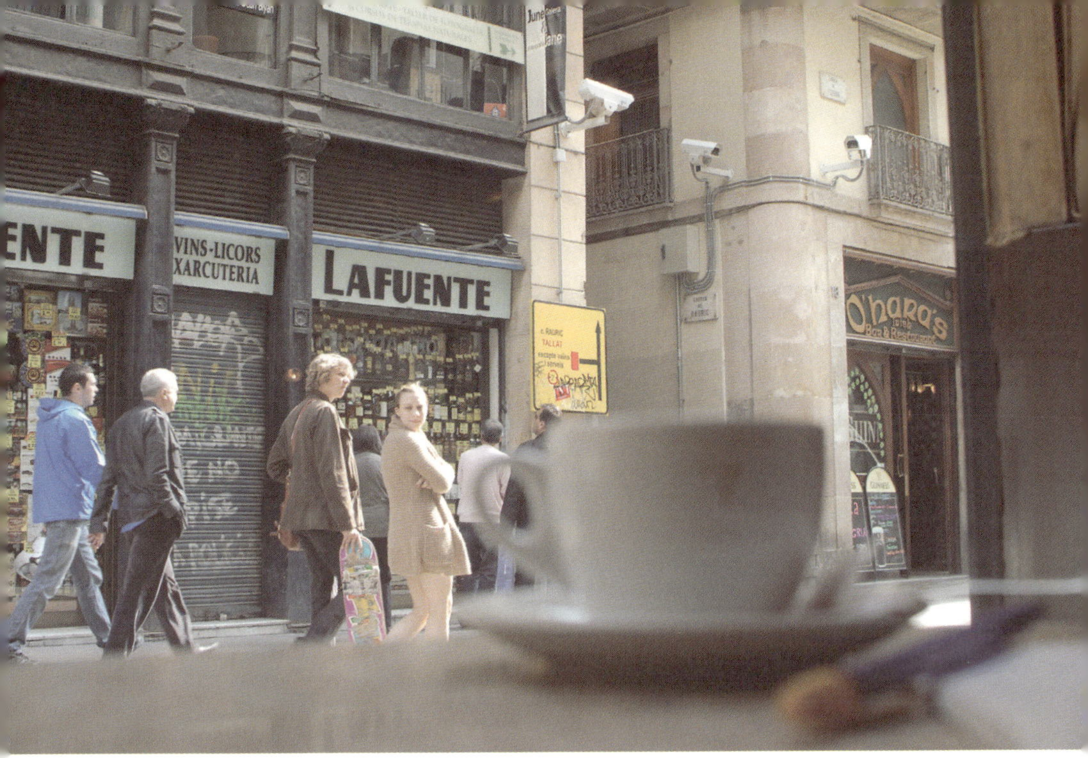

VINS·LICORS
XARCUTERIA
LAFUENTE
O'hara's

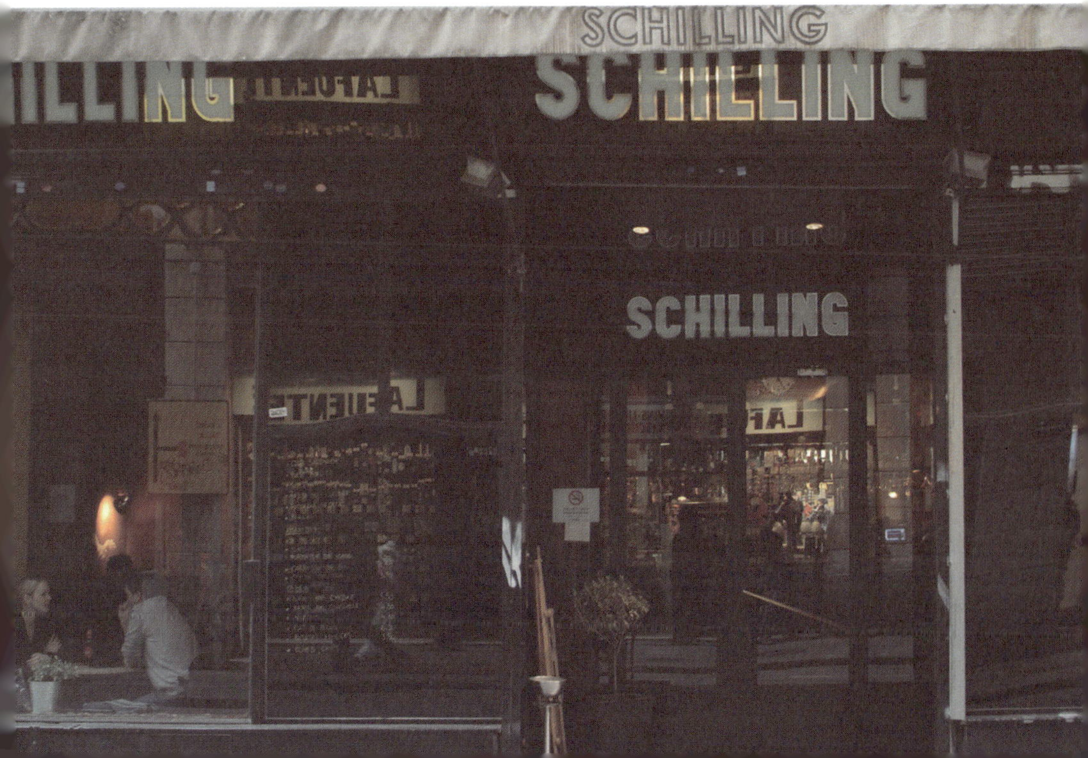

SCHILLING
SCHILLING
SCHILLING

보헤미안을 위하여, 그라씨아 지구

그라씨아Gracia 지구는 바르셀로나 속의 또 다른 바르셀로나다. 아니 바르셀로나 속의 그라씨아라고 하는 편이 더 맞겠다. 산업화에 반대한 노동자들의 시위, 핏빛 진압을 불러일으킨 1856년의 반란, 북아프리카 파병에 반대하여 어머니들이 거리에 나선 1870년의 시위 등 저항과 독립의 분위기가 충만한 곳이다. 그래서 자유Libertat, 전진Progres, 혁명Revolucio 등과 같은 지명이 많다. 이곳은 1897년까지 바르셀로나 인근의 빌라 데 그라씨아Vila de Gracia라는 마을이었다. 1897년 바르셀로나에 합쳐진 이후에도 좁은 골목, 환한 광장, 좁고 어두운 바르와 레스토랑, 작은 공장과 공방 등 예전의 모습을 잃지 않고 있다. 1960년대와 1970년대에는 바르셀로나, 나아가 유럽 보헤미안의 상징적인 곳이었고, 오늘날까지도 그러한 분위기를 간직하고 있다.

팔월 중순경에 열리는 동네 축제인 피에스따 마요르 데 그라씨아Fiesta Mayor de Gracia는 그라씨아의 본모습을 제대로 확인할 수 있는 좋은 기회다. 주민들은 몇 달 전부터 집의 발코니를 꾸미기 시작한다. 잘 꾸며진 발코니들은 축제 기간 내내 멋진 풍경을 연출한다. 물론 잘 단장한 집에는 상이 수여된다. 광장 곳곳에서 라이브 콘서트가 열리고 사람들은 맥주를 마시며 춤을 추고 콘서트를 즐긴다. 골목 곳곳에 보석처럼 숨어있는 스타일리쉬한 가게들에는 그들만의 물건들로 호기심 많은 사람들의 손길을 기다린다. 이국적인 향신료 냄새로 가득한 골목에는 언제나 호기심 많은 식도락가들의 미각 기행이 끊이지 않는다.

그라씨아 지구는 실험적이고 전위적인 예술가들의 산실이다. 떼아뜨로 이우레Teatro Lliure와 베르디Verdi 극장이 그 중심 중 하나다. 역사적으로 볼 때 집시들도 이곳에 거주했으며 그들의 삶과 예술에 대한 모습이 그라씨아의 보헤미안적 특징을 형성하는데 영향을 주었다. 까딸란 룸바의 창시자로 불리는 엘 뻬스까이야El Pescallia와 볼레로의 왕이라 불리는 로스 마놀로Los Manolo 역시 이 지역에서 나고 자랐다. 그라씨아 지구 한쪽에 있는 뽀블로 로마니Poblo Romani 광장에 가면 언제나 집시적인 분위기를 느낄 수 있다. 이 광장에서는 8월의 그라씨아 축제 기간 동안에는 집시음악 위주의 라이브 공연이 펼쳐지고 집시풍 옷차림을 한 사람들이 모여들어 밤새 춤추고 논다.

그라씨아 지구는 일정한 코스 없이, 잠수하는 것처럼 숨을 멈추고 들어가면 된다. 이후부터는 물이 흐르는 것처럼 그냥 흘러가면 된다. 골목을 걷다보면 광장을 만날 것이고 시장을 만날 것이다. 다리가 아프면 벤치나 카페테리아 테라스에서 쉬면서 오가는 사람들을 구경하고 배가 고프면 아무 레스토랑에서 메뉴 델 디아-Menu del Dia, 오늘의 메뉴 같은 것을 먹으면 된다. 그라씨아 지구 여행은 특정 건물이나 유적지가 아니라 골목을 걷는 것이고 광장에 앉아 오가는 사람들을 쳐다보는 것이다. 그라씨아 지구 골목들은 흡음재처럼 소리를 빨아들이는 것 같다. 축제 때를 제외하고는 인적이 드물다. 그러다가 갑자기 나타나는 광장에 사람들이 몰려 있다. 광장 주변의 카페테리아에서 내놓은 테라스에서 햇볕을 쬐는 것이 이곳의 큰 즐거움 중 하나다. 아마도 골목 안 그들의 집은 그늘지고 쓸쓸하리라.

솔 광장Plaza del Sol

마드리드 솔 광장이 하루 종일 복잡하고 정신없다면, 바르셀로나 솔 광장은 점심 무렵이나 맥주를 마시는 사람들로 떠들썩한 여름밤을 제외하고는 비교적 조용하다. 특히 오전은 신문이나 책을 읽으며 생각에 잠기기 좋은 장소다. 태양이 광장을 비스듬히 비추기 시작하는 오전, 광장은 서서히 잠을 깨기 시작한다. 문을 연 바르에 음료수나 술을 공급하는 밀차 바퀴소리가 좀 소란스럽다. 밤새 어질러진 쓰레기들은 이미 말끔히 치워져 있다. 길을 물걸레로 닦듯이 청소하는 스페인 사람들의 깔끔함이란.

햇살이 가장 잘 비치는, 칠 벗겨진 나무벤치에 앉은 노부부의 손엔 잉크의 온기가 남아있을 것 같은 신문 라 반구아르디아-La Vanguardia와 오븐의 온기가 남아있을 바게트 빵 두 개가 들려져 있다. 이것만 있으면 하루를 읽고 하루를 먹을 수 있으리라.

허공을 응시하는 노부부의 표정에서 쓸쓸함이 느껴진다. 인생이란 순간순간은 치열하나 지나고 나면 덧없기만 하다. 얼마나 많은 하루들을 저 벤치에서 시작했을까. 그라씨아 지구 안의 세상은 언제나 그대로이나 광장 바깥의 세상은 아마도 많이 변했을 것이다.

솔 광장 벤치에 몇 시간을 앉아있었다. 점심시간이 다가오자 광장은 활기를 띠어간다. 직장인들이나 게으른 잠에서 깨어난 보헤미안들이 주섬주섬 차려입고 모여든다. 광장을 둘러싼 카페테리아나 식당에서 마련한 오늘의 메뉴는 언제나 10유로 미만이고 첫 번째 접시, 두 번째 접시, 그리고 음료와 빵 후식까지 먹을 수 있어 좋다. 더구나 따뜻한 햇볕까지 공짜다. 스페인에서 가장 좋은 것 하나를 꼽으라면 나는 메뉴 델 디아를 꼽겠다. 식사를 하는 사람들 사이에서 통기타 가수 두 명이 에레스 뚜Eres Tu를 멋들어지게 부른다. 스페인어를 처음 배울 때 세고비아 출신의 끌라라 선생님이 자주 들려준 음악이다.

그러니까 11년 전, 나는 스페인어를 처음 시작했다. 새해를 앞두고 누구나 담배를 끊거나 운동을 시작하는 것처럼 2000년 해가 바뀔 무렵, 새해에는 스페인어를 공부해보자는 결심을 하였다. 특별한 동기나 대단한 목표가 있었던 것은 아니었다. 중앙부처 공무원으로 틀에 박힌 생활을 하는데 대한 일종의 탈출심리랄까. 그냥 그대로 살다가는 아무런 색깔도 없는 인생이 될 것 같다는 생각을 하였고, 스페인어를 공부하면 뭔가 새로운 세상이 열릴 것 같다는 막연한 생각을 하였다. 그런데 하필 스페인어였을까? 스페인과는 아무런 연관도 없었지만 어려서부터 마드리드라는 지명이 왠지 모르게 가슴속에 있었다. 1990년 초에 쓴 시들 중에 "마드리드에서 온 편지"라는 시가 있었을 정도니까.

다행히 스페인어는 내 취향에 맞는 언어였다. 6개월간의 외국어대 야간강좌를 한 번도 빠지지 않았다. 밤에 어학당에 가기 위해서는 일을 다 마쳐야 했고 그러기 위해 낮에 정말 열심히 일했다. 어학당 강의가 끝나면 집에 가는 길에 다시 사무실에 들러 여러 일을 처리해야 했고, 숱한 밤들을 서너 시간 잠을 자는 것으로 버

barcelona

렸다. 생각해보면 그땐 참 체력도 좋았던 것 같다. 갑자기 외대 앞 식당에서 허겁지겁 먹던 제육볶음 백반이 생각난다.

한낮의 솔 광장에서 끝이 없는 상념에 잠긴다. 도수가 좀 높은 볼담Voll Damm 맥주 한 캔에 지나온 인생 반쯤은 넘겨본 것 같다. 좁은 골목을 지나온 서늘한 바람과 팔랑거리는 나뭇잎 투명한 태양까지, 솔 광장은 그라씨아 지구의 보석과 같은 곳이다.

9월혁명 광장

베르디Verdi 길이 끝나는 곳에 9월혁명 광장Plaza de Revolucion de Septiembre del 1868 이 있다. 인근 솔 광장이나 비레이나Virreina 광장이 외부인이 더 많이 찾는 곳이라면 9월혁명 광장은 지역 주민들이 더 즐겨 찾는 곳이다. 몇 개의 벤치는 언제나 노인들의 차지고 역시 몇 개뿐인 테라스 의자는 항상 만원이다. 광장에는 두 개의 아이스크림 가게가 있는데 그중 하나는 바르셀로나에서도 맛있기로 소문난 곳이다. 광장 바닥을 유심히 살펴보면 몇 개의 글자들이 늘어서 있는데 그 글자들을 이어보면 레볼루씨오Revolucio : 혁명란 까딸루냐어다.

혁명. 이 단어를 떠 올릴 때마다 왜 낭만이란 말이 함께 떠오를까. 그리고 흐릿한 백열등, 등사기, 잉크냄새, 싼 로션냄새, 체게바라, 쿠바, 섣부른 키스, 짧은 후회 같은 단어들도 떠오른다. 스페인 9월혁명은 1846년부터 시작된 스페인의 경제적 정치적 내부 위기를 타파하기 위해 1868년에 남부 안달루시아를 중심으로 일어났다. 바르셀로나를 비롯한 지중해 연안지역의 지지를 등에 업어 무능력한 이사벨 2세의 왕정을 종식시킨 혁명이었다. 그런데 왜 이 광장에 9월혁명이란 이름을 붙였는지 모르겠다. 광장 바닥에 적혀있는 글씨와 지하주차장으로 내려가는 엘리베이터 벽면에 그려진 좀 혁명스러운 낙서를 제외하고는 혁명과 관련된 이미지는 어디에도 없는데 말이다. 위치상 주민들이 출퇴근하는 길 중간에 있어 아침저녁으로 출퇴근 사람들의 왕래가 많은 광장이다.

비레이나 광장Pl. de Virreina

벤치가 따뜻하다. 방금까지 누군가 앉아 있었나 보다. 구구거리는 비둘기소리. 쓰레기통에 빈 병 버리는 소리, 셔터 내리는 소리가 들리고 광장으로 향한 발코니에는 잠자리에서 막 일어난 듯한 아가씨가 허공을 향해 담배연기를 뿜어내는 모습도 보인다. 겨울 오후의 알싸한 공기를 마시며 그라씨아 지구의 숨겨진 공간들의 오후를 생각한다. 일요일 오전이면 이곳에 작은 벼룩시장이 열린다. 상업적인 냄새가 풍기는 다른 벼룩시장과 달리 인근 주민들이 물건을 가지고 나와서 팔거나 교환하는 시장이다. 그런 점에서 진정한 의미의 벼룩시장이다. 광장 한쪽에는 산조안San Joan이라는 크지 않은 성당이 있다. 저녁시간 불 켜진 성당에 들어가니 파이프오르간 소리가 은은히 울려 퍼지고 있다. 가끔씩 가난한 차림의 사람들이 들어와 성호를 긋고 간절히 기도하고 나간다. 그들의 기도가 무엇일까, 문득 궁금해진다.

베르디Verdi 길

그라씨아 골목 중에서 가장 보헤미안적인 분위기를 풍기는 이 길을 흔히 '극장길'이라고 부른다. 이 길의 모든 것들은 다 분위기가 있다. 빵집, 수제 비누가게, 약국, 서점, 크레페 가게, 옷집 등 스리랑카 음식점, 조그만 피자집 등 어느 하나 평범하지 않다. 돈을 들여 화려하게 꾸미지 않았는데도, 간단한 장식에 페인트만 칠했는데도 이런 분위기를 만들어 낼 수 있다는 것이 신기하다.

베르디 길을 걸으면 기분이 좋아진다. 이탈리아 출신 오페라 작곡가의 이름을 딴 길이라서 그럴 수도 있고 앙증맞은 가게들과 활기찬 사람들의 표정 때문일 수도 있다. 극장 이름이 베르디인 것도 재미있다. 베르디, 베르디 하면 그냥 기분이 좋아진다.

barcelona

혼자라도 좋고 함께여도 좋은 곳.
그라씨아 지구. 하루정도 시계를 보지 않아도 될
만한 여유가 있다면 꼭 가보라고 말하고 싶다.

두 가지 얼굴을 가진 마을, 바르셀로네따

낡아서 편안하다. 나는 왜 낡고 초라한 것에 더 마음이 갈까. 항구 옆의 골목들이 그랬듯이 예전에는 마약, 술주정꾼, 소매치기, 강도 등으로 이 골목들을 밤에 다니는 것은 위험하다고 말했다. 물론 지금은 그렇지는 않지만 어두컴컴한 골목의 손바닥만 한 베란다에는 일 년 내내 걷지 않는 듯한 빨래들이 펄럭이고 있고 허리 굽은 노인들이 유령처럼 걷는 모습을 자주 볼 수 있어 어딘지 모르게 스산한 분위기를 자아낸다. 바로 이 골목의 매력이다.

겨울, 부치지 못한 편지

인적이 드문 겨울밤 바람만 가득한 골목에 들어서면 쓸쓸해진다. 그러나 그 쓸쓸함이 정겹고 사랑스럽다. 옷깃을 세우고, 세상의 모든 고독을 다 짊어진 사람처럼 걷다가 바다 쪽으로 향한 어느 골목 끝, 흐릿한 불빛이 흘러나오는 선술집에서 독한 헤레스**Jerez** 브랜디 한잔을 마신다. 배가 뜨지 않는 바람 부는 저녁, 연안부두 선창가 선술집에서 마시던 막소주 맛이 이렇지 않았을까. 몇몇은 티브이에서 나오는 축구중계를 쳐다보고, 또 몇몇은 하루 종일 수많은 사람의 손을 거쳐 눅눅해진 신문을 뒤적이고 있다.

갑자기 입구 쪽에 있는 파친코 기계에서 동전 쏟아지는 소리가 요란하다. 사람들의 시선이 일제히 그쪽으로 향하고, 머리 덥수룩한 중국인이 동전을 쓸어 담고 있다. 파친코 기계에서 돈을 따는 사람은 언제나 중국 사람이다. 어찌되었든 우리 인생이 매일 저렇게 쏟아지는 동전 같으면 얼마나 좋을까. 동전을 쓸어 담는 것을 본 사람들은 아무 일 없었던 것처럼 다시 티브이와 신문을 읽고 나는 다시 헤레스 브랜디에 입술을 댄다. 헤레스 브랜디는 입 끝에 남는 향이 참 좋다.

갑자기 십년 전에 끊었던 담배가 다시 생각난다. 옆자리에 있던 할아버지가 내 술값을 자기가 내겠다며 내가 읽던 바르셀로나 역사책에 관심을 보인다. 바르셀로네따에서 태어나 이곳에서만 칠십 년을 살았다는 그 할아버지는 바르셀로나와 바르셀로네따에 대한 한 동양인의 관심이 고마운가보다.

약간의 취기 때문인지 아무도 없는 골목이 편안하기만 하다. 오렌지 색 가로등이 흐릿하게 비추는 쓰레기통 옆에서 한 취객이 오줌을 누고 있다. 낮에는 개가 오줌을 누고 밤에는 취객이 오줌을 누는 골목, 바르셀로네따. 빨래 펄럭이는 소리와 골목 끝 파도 밀려오는 소리가 유난히 쓸쓸하다. 밤이 깊어질수록 이방인의 가슴은 시리다. 그러나 가슴이 시려지고 싶어 이곳에 오지 않았는가. 늑골사이에서 시가 일어서고 누군가에게 편지를 쓰고 싶어진다.

여름, 어떤 유년의 추억

낮이 긴 여름, 밤 10시까지도 세상이 저물어지지 않는 저녁 무렵 그 골목을 걸어보라. 반쯤 열린 문 사이로 작은 식탁과 걸어놓은 옷, 사람이 보일 것이다. 조그만 베란다마다 오렌지색 가스통이 놓여 있고 몇 개의 화분에 있는 꽃들은 이미 시들었다. 어느 집에선가 뿌려놓은 물로 흥건해진 골목, 그 위로 온갖 소리들이 몰려든다. 티브이 소리, 라디오 소리, 아기 우는 소리, 앰뷸런스 앵앵 대는 소리, 개 짖는 소리, 그리고 어디선가 악다구니 쓰는 소리.

바다 쪽으로 난 골목 끝에 걸린 하늘빛이 시리도록 푸르다. 나는 안다, 하늘빛이 가장 푸른 시간은 밤 아홉시 사십오 분이라는 것을. 이때의 하늘빛은 마치 세숫대야에 푸른 잉크를 풀어놓은 것 같다. 모든 것이 익숙하다. 이곳의 소리 이곳의 냄새 이곳의 색깔들이. 어쩌면 내 유년의 부산 남부민동이 이렇지 않았을까. 어쩌면 나는 항상 내 가슴 깊은 곳에 잠재되어 있는 추억의 소리들을 찾고 있는 것은 아닐까. 소리들이 사라지는 곳, 골목 끝 저만큼에 바다가 있다.

"옆집 여자아이 이름은 '현주'였고 언니 이름은 '인애', 오빠 이름은 '종철'이었다. '마당 깊은 집'에는 하얀 옷을 입은 여자가 새벽마다 가야금을 뜯었다. 무화과 나무 옆 장독 뚜껑에 촉촉하게 내리던 봄비가 그리는 동그라미는 막연한 그리움의 나라로 나를 데리고 갔다. 형은 자라서 '16번 버스'를 타고 학교에 갔고 나는 자라

서 꽂게 잡으러 바다로 갔다. 송도 구름다리 아래 성게와 불가사리와 담치와 꼬시
레기가 초가을까지 우리를 유혹하곤 했다. 시월쯤 찾아오던 무서운 태풍은 깊은
바다를 바닥이 보이도록 뒤흔들어 놓았고 숨죽이며 우리는 그것을 바라보았다.”

바르셀로네따, 두 가지 얼굴

1700년대 초반 오스트리아와 프랑스의 왕권다툼으로 촉발된 왕위계승전쟁에
서 줄을 잘못 선 바르셀로나는 마드리드를 중심으로 한 중앙정부의 펠리뻬Felipe 5
세로부터 혹독한 대가를 치르게 된다. 펠리뻬 5세는 바르셀로나를 효과적으로 컨
트롤하기 위해 바르셀로나 한복판에 유럽에서 가장 큰 군사기지를 만들면서 그곳
에 거주하던 시민들을 이곳 바르셀로네따로 강제 이주시켰다. 일종의 집단 이주
단지였던 셈이다. 지금 기준으로 보면 깨끗한 해변 앞에 위치하고 있어 살기 좋은
곳이지만 당시에는 그렇지 않았다. 바닷물은 더러웠고 백사장엔 천막이나 거적이
가득했다. 물론 지금의 바르셀로네따는 세계에서 몇 손가락 안에 꼽히는 아름다
운 해변을 가진 해수욕장이지만 바르셀로네따 뒷골목의 집들까지 살기 좋다는 것
은 아니다. 6층 정도 높이의, 좀 규모가 큰 연립주택 정도의 건물에 좁은 집들이
닭장처럼 붙어있는데 서민층 이주민을 위한 주택이고 지은 지 오래되어 공간이 매
우 협소한 것이 문제다. 공간이 협소하다보니 엘리베이터가 없어 높은 층에 거주
하는 노인네들의 고충은 이만저만이 아니다. 우리 같으면 다 헐어버리고 재개발을
하면 간단하게 해결할 수 있을 것 같은데 여기서는 그것이 쉽지 않은가보다.

재개발은 원주민들이 떠나야만 한다는 것을 의미하는데 이곳에서 나고 자란
사람들은 결코 이곳을 떠나길 원하지 않는다. 서로의 생활을 다 들여다볼 수 있는
골목에서 한평생을 보낸 그들에게 바르셀로네따를 떠난 삶은 상상할 수가 없다.

사람들은 바로셀로네따에 와서 두 번 놀란다. 고운 모래, 푸른 바다와 하얀 파
도, 눈부신 태양이 아름다운 해변 풍경에 놀라고 그곳에서 몇 발자국만 들어가면
마치 쿠바나 리스본 뒷골목에나 있음직한 좁은 골목과 초라한 건물들의 낡은 풍

90   barcelona

바르셀로네따는 사람이 사는 곳이다.
베란다에 널린 빨래를 보며 창 너머 그들의
삶을 훔쳐보며 고향을 떠올린다.

경에 놀란다. 바르셀로네따 해변은 카지노, W호텔 등 호화스러운 현대의 얼굴을 가지고 있지만 바르셀로네따 뒷골목들은 흑백으로 된 그림엽서 같은 낡은 과거만 가지고 있다. 바르셀로네따Barceloneta라는 말은 '작은 바르셀로나'란 뜻이다.

지중해를 마주한 바다 병원 오스삐딸 델 마르

바르셀로네따 해변 바로 앞에 한 병원이 있다. 어떻게 그림 같은 지중해 바로 앞에 병원이 있을 수 있나. 고급 호텔이나 별장, 아니면 전망 좋은 테라스를 가진 근사한 레스토랑이 있어야 하는 것 아닌가? 병원은 호텔 뒤편에 있으면 어떤가. 병원 로비에서 바다가 안 보이면 어떤가. 병실 창을 열면 철썩이는 파도소리가 들리지 않으면 어떤가. 그러나 바르셀로나 오스삐딸 델 마르Hospital del Mar는 지중해가 한눈에 보이는 바닷가에 있다. 오스삐딸 델 마르는 바다 병원이란 뜻이다. 처음 우연히 이 병원을 발견했을 때 나는 감동했다. 이 위치에 병원이 있다는 것에 감동했고 바다 병원이라고 이름 붙인, 그 인간적인 결정에 감동했다. 바다 병원, 세상 어느 병원이 이보다 더 아름다운 이름을 가질 수 있을까. 이곳에서 이보다 더 잘 어울리는 이름을 찾을 수 없다.

파도, 바람, 햇볕. 이곳에서는 그 어느 것도 부족하지도 과하지도 않다. 바다 병원 앞 해안 길 난간에 팔을 걸치고 바다를 보거나, 난간에 등을 대고 누군가와 통화를 하거나 이곳에서는 모든 것이 한 폭의 그림이 된다. 한눈에 들어오는 바다는 마치 커다란 벽걸이 티브이에 투영되는 영상처럼 선명하다. 야자수 이파리가 보기 좋게 바람에 흔들리는 산책로를 따라 강아지와 유모차와 함께 나온 산책객들이 한가롭게 지나가고 그 사이로 탄탄한 엉덩이의 실루엣을 뽐내며 달리는 선남선녀들로 가득하다. 적어도 이곳에서는 어느 누구의 얼굴에도 걱정의 모습은 찾아볼 수 없다.

단순한 것이 아름답다고 했던가. 너무 단순해서 어떤 글로도 묘사하기 힘든, 병원 건물로 들어서면 병원 냄새 대신 바다 냄새가 가득하다. 병원 로비는 새로

지은 공항 출국장 같기도 하고 최신식 호텔 로비 같기도 하다. 병원 전체가 자연채
광 위주로 되어있어 인공조명으로 가득한 일반적인 병원과 달리 편안한 느낌을 준
다. 가운을 입은 의사나 간호사만 보이지 않는다면 누가 여기를 병원이라고 할까.
적어도 1층 로비까지 병원과 관련된 이미지는 아무것도 없다. 로비를 지나 에스컬
레이터를 타고 이층으로 올라간다. 에스컬레이터가 올라가면서 조금씩 바다가 열
린다. 하나, 둘, 셋. 마침내 눈 앞 가득 펼쳐지는 바다.

이층 로비와 복도 전체가 시선 걸리는 곳 하나 없는 바다다. 복도 가득 물새가
날고 파도가 부서진다. 대기실에 앉아서 차례를 기다리는 사람들의 가슴에도 파
도가 부서지고 물새가 난다. 아, 내가 있는 곳이 병원이라니. 뻬드로 알모도바르
Pedro Almodovar 감독의 '내 어머니의 모든 것**Todo Sobre Mi Madre**'의 병원 장면이 여기인
것이 이해가 간다. 여주인공 마누엘라와 로사가 진찰 순서를 기다리며 대화하던
곳이 여기였다. 그들 앞으로 잠깐 보이던 바다가 여기였다.

이 병원은 16세기경 무렵 외부에서 감염된 선원들을 일정기간 동안 격리하던
보건소가 있던 자리였다. 이후 1929년 바르셀로나 시는 여러 번 바르셀로나를 괴
롭혔던 콜레라와 페스트 같은 전염병에 대비하기 위해 현재의 병원을 만들었다.
실제로도 설립 목적에 걸맞게 1940년, 1942년, 1950년, 1970년대에 크게 유행했
던 전염병의 확산을 막는데 결정적인 역할을 했다. 1973년부터는 바르셀로나 자치
대학UAB의 대학병원 역할을 하고 있으며 1992년 바르셀로나 올림픽에서는 올림
픽 선수단을 위한 지정병원으로 운영되어 올림픽의 성공적 개최에 기여하기도 했
다. 바다 병원은 상 빠우 병원과 함께 바르셀로나 시민들이 사랑하고 아끼는 병원
이다. "환경이 환자를 치료한다."라는 도메네치 이 문따네르의 말처럼 이곳에서
치료되지 않을 병은 없을 것 같다.

94   barcelona

바다 병원 복도에 서면 지중해가 한눈에
들어온다. 바다 병원 복도 의자에 앉으면
파도치고 물새 나는 바다를 볼 수 있다.

GRAN VIA DE CARLES III
NUMÀCIA
JOSEP TARRADELLAS
SANTS
AV. DE ROMA
DIAGONAL
GRAN VIA
PARAL·LEL
RONDA de St. PAU
RONDA de St. ANTONI
PG. DE COLOM

스페인 광장 마법의 분수쇼,

산따 마리아 델 마르 성당의 알싸한 공기,

골목을 걷다 예기치 않게 만나게 되는 노천시장들,

아름다운 항구와 해변, 그리고 공원

백년이 넘었지만 아직도 미완성인 성당 사그라다 파밀리아,

천진난만한 색깔과 곡선이 아름다운 구웰 공원,

끝없는 상상력을 보여주는 까사 밀라와 까사 바뜨요,

까딸루냐의 정체성을 말해주는 까딸루냐 음악당……。

바르셀로나에는 그 이름만으로도 빛나는 보석 같은 볼거리들이 널려있다.

그 보석들마다 자신만의 이야기를 간직하고 있고

그 이야기들이 모여 바르셀로나를 완성한다.

가우디, 도메네치 이 문따네르,

조셉 뿌이그 까딸팔치 등과 같은 모더니즘 건축가

파블로 피카소, 후안 미로, 살바도르 달리 등과 같은 화가들

그들이 남긴 보석들을 찾아다니다 보면

어느 새 바르셀로나를 사랑하고 있는 자신을 발견할 것이다.

바르셀로나는 언제나 로맨틱하다.

바르셀로나에서는

사랑을 두고 온 자는 그 사랑이 그리워질 것이고

사랑과 함께 온 자는 그 사랑이 더욱 깊어질 것이다.

barcelona

까딸루냐 광장에서 콜럼버스 탑에
이르는 1.3km의 아름다운 람블라스길.
어떤 시인은 '영원히 끝나지 않기를
바라는 세상의 유일한 길'로 표현했다.

흐르는 강물처럼, 라스 람블라스

어떤 길은 한 도시를 오랫동안 기억에 남게 한다. 바르셀로나의 중심 까딸루냐 광장에서 바다까지 1.3km에 이르는, 람블라스**Las Ramblas** 길을 걸으면 누구나 행복해진다. 시인 페데리꼬 가르씨아 로르까**Federico Garca Lorca**는 람블라스 길을 일컬어 "영원히 끝나지 않기를 바라는 길"이라 표현했다. 중세 때까지만 해도 13세기에 지어진 바르셀로나 성벽 바깥의 도랑에 불과하였다. 1400년대 중반 이후 조금씩 사람들이 다니는 길이 나게 되고, 1800년대 초반부터 현재의 모습을 갖추어 나가기 시작했다. 바르셀로나가 다른 유럽 도시들과 구별되는 몇 가지가 있는데 대표적으로 람블라스를 꼽을 수 있다. 가로수가 아름다운 그 길을 통해 세계 각국에서 온 다양한 사람들이 일년 삼백육십오일 내내 물결처럼 흐르고 있다.

람블라스 길은 오랜 세월 동안 늘 그 자리에 있었지만 언제나 변화무쌍하다. 오전의 호젓함에서부터 오후의 분주함을 지나 들뜸으로 가득한 밤은 시간의 흐름에 따라 모습을 달리 한다. 봄날의 상쾌함과 약간은 끈적이는 여름, 향수에 빠지기 충분한 가을, 그리고 문득 떠나간 사랑이 그리워지는 겨울까지 람블라스 길은 계절에 따라 다른 느낌을 준다. '물이 흐르는 길'이라는 뜻의 아랍어에서 유래된 람블라스는 꼴쎄롤라**Collserola** 산에서 흘러내린 물이 이곳을 통해 바다로 흘러갔지만 지금은 더 이상 물이 흐르지 않는다. 수로로서의 기능이 끝난 지금, 아이러니하게도 사람의 물결이 그 자리를 대신하고 있다.

람블라스 길에 들어서면 언제나 가슴이 뛴다. 수없이 이곳에 왔지만 설레지 않은 적이 단 한번이라도 있었던가. 까딸루냐 지하철역에서 에스컬레이터를 타고 지상으로 올라오는 그 짧은 순간, 그 옛날 사랑하는 사람을 만나러 가던 길이 이랬을까. 길모퉁이 작은 서점 앞 혹은 작은 창이 있던 까페테리아에서 언제나 맑은 미소로 맞이하던 그녀 앞에라도 선 것처럼 모든 것이 정지된다. 그렇게 잠깐 동안 모든 것이 멈췄다가 서서히 열리는 람블라스 길. 심장박동이 빨라진다. 물결처럼 흐르는 사람들에 휩쓸려 나도 물결처럼 흘러간다. 이제부터는 내가 람블라스 길의 일부가 된다.

백년이 넘은 까페떼리아 누리아Nuria 옆에 자라ZARA나 망고MANGO 같은 현대적인 가게들이 같이 서 있다. 그리고 그 옆에는 버거킹, 빤스 앤 컴퍼니PANS &Company 같은 패스트푸드점도 있다. 제각각 방향을 달리한 벤치에는 세상에서 가장 한가해 보이는 사람들이 세상이 어떻게 흘러가는지 쳐다보고 있다. 그 물을 마시면 바르셀로나에 다시 돌아온다는 까날레따스Canaletas 수도 앞은 백 년 전이나 지금이나 똑같다. 그 앞 좀 거만스러워 보이는 구두닦이까지도.

플라멩꼬 복장을 한 집시풍의 여인이 플라멩꼬 안내 전단지를 나눠준다. 깊고 검은 눈동자. 잠깐 그 눈에 빨려든다. 순간 내 마음을 들켰을까봐 얼굴이 빨개진다. 플라멩꼬 공연을 하는 뽈리오라마Poliorama는 스페인 내전 당시 참전한 영국작가 조지 오웰George Orwell이 피신해 있던 천문대 건물이다. 여기서부터 지금은 일부가 와플 등을 파는 가게로 바뀌고 있지만 애완동물을 파는 가게들이 시작되고 가위손, 천사, 악마, 호나우딩요 등 사람의 눈을 끌기 위해 기발한 분장을 한 인간 동상들이 나름의 포즈를 취하고 있다. 그들을 보느라 정신을 놓고 있는 사람들 틈에는 소매치기들도 있을 것이다. 물론 람블라스 길을 따라 오가는 경찰들도 있지만 그들은 언제나 무료해 보이고 언제나 동료들과 수다를 떨고 있다.

람블라스에서 고딕지구나 라발지구로 향하는 모든 길들이 시작된다. 저녁 역광에 잠긴 사람들의 그림자가 아름다운 엘리싸벳Elisabets 길이나 로마인들이 무덤으로 향하는 까두나 길이 시작되는 곳도 이곳이다. 재래시장이지만 어떤 현대적인 시장보다도 더 흥미진진한 보께리아Boqueria시장도 람블라스 길에 붙어있다. 페란 길 모퉁이, 지금의 맥도날드 앞에서 서성이던 수많은 창녀들은 어디로 갔을까. 동유럽 출신 야바위꾼들의 뻔한 주사위 속임에 넘어간 순진한 여행객들의 울 듯한 눈을 보는 것도 어렵지 않다.

케밥집이 늘어선 길을 따라 구웰 저택 뒤편의 오줌냄새 나는 수상한 골목길로 들어선다. 까를로스 루이스 싸폰Carlos Luis Zafon의 베스트셀러 소설《바람의 그림자 La Sombra del Viento》에 나오는 '잊혀진 책들의 무덤'이 부근인 것 같은데. 그러면 젊은 피카소가 놀았던 골목은 어디일까. 수많은 거리 화가들이 세월을 낚고 있는 길 옆 하얀 동상 앞을 지나는데 아이들이 말을 걸어온다. 마약을 파는 아이들이다. 일 년 삼백육십오일 빨간 간판의 불을 켜 놓은 SEX Shop 앞, 지나가는 행인을 바라보는 늙은 창녀 둘의 눈빛이 쓸쓸하다. 그 옆 반쯤 검은 청년의 눈길도 수상하긴 마찬가지다.

물결처럼 흘러 콜럼버스 탑이 보이는 곳까지 내려왔다. 항구가 보이고 바다가 보인다. 도시 한복판에서 걸어 20분 거리에, 철벅거리는 물웅덩이 한번 만나지 않고 항구로 갈 수 있다는 것이 바르셀로나의 장점이다. 지겨울 틈이 없는 변화무쌍한 길을 따라 1.3km만 걸으면 세상에서 가장 아름다운 항구를 만날 수 있다. 바르셀로나 사람들은 관광객들이 람블라스를 다 점령해버렸다고 불평하지만 관광객들에게 람블라스가 없는 바르셀로나는 생각할 수 없다.

람블라스 길의 주인공은 유명 건물이 아니다. 관광객, 노동자, 잡상인, 도둑, 광대, 창녀, 그리고 경찰 등 람블라스를 채우고 있는 사람이다. 건물은 변하지 않지만 사람은 언제나 바뀐다. 그래서 람블라스는 언제나 재미가 있다.

이 물을 마시면 다시 바르셀로나에
돌아오게 된다는 까날레따스 수도.
FC바르셀로나가 승리를 거둔 날이면 사람들이
이곳으로 몰려나와 축제를 벌인다.

람블라스 거리는 퍼포먼스를 하는
인간 동상들의 요람이다.
사진은 람블라스에서 가장 인기가 있는
바람돌이와 가위손이다.

barcelona

인간 동상, 소매치기, 야바위, 무료한 경찰,
거리악사 등 람블라스 거리에는 모든 것이
다 있다. 거리는 그대로지만 거리를 채우는
사람들은 늘 바뀌어 언제와도 재미있다.

그곳에서 그리움을 건진다, 바르셀로나 노천시장

이름 모를 골목을 걷다가 작은 광장을 만나고, 그 광장에서 기대하지 않았던 노천시장이 열리고 있다면 여행자의 가슴은 뛰기 시작한다. 파는 물건들이 근처 산골 마을에서 가져온 벌꿀이나 치즈, 또는 집에서 담근 술일 수도 있고 오래된 동전이나 엽서 같은 것들, 혹은 낡은 인형이나 먼지 뒤집어 쓴 책일 수도 있다. 이름 없는 화가들의 과장된 원색의 그림이 펼쳐져 있을 수도 있고, 앙증맞은 수공 액세서리나 알록달록한 천으로 만든 가방들이 잔뜩 걸려있을 수도 있다.

여행 중에 낯선 광장에서 만나는 노천시장의 풍경은 언제나 여행자의 마음을 설레게 한다. 왜 여행자들은 노천시장에서 만나는 낡음이나 오래됨, 그리고 칙칙함을 사랑하는 것일까. 혹시 그 낡음 속에서 잊고 있었던 어떤 노스탤지어를 발견하는 것은 아닐까. 아무렇게나 쌓여있는 낡은 물건들 사이에서 어쩌면 값나가는 물건이 숨어있을지 모른다는 부질없는 기대를 하기도 하고 사람들의 손때가 묻은 책이나 엽서에서 "사랑하는 ○○에게"와 같은, 혹시나 남아있을지 모를 어떤 사랑에 대한 흔적을 찾아내려고 애쓰기도 한다.

지금의 젊은이들에게는 어떨지 모르겠으나 육칠십 년대를 건너온 사람들에겐 노천시장에 대한 약간의 노스탤지어가 있다. 낡은 것과 오래된 것들에 대한 그리움은, 힘들고 어려웠던 시절이었지만 그것과 함께 여러 아름다운 이미지들이 겹쳐져 있기 때문은 아닐까. 코 흘리며 딱지치기하던 동무들, 약국집 딸 순희, 가정방문 날 선생님이 남긴 자장면의 춘장까지 싹싹 닦아먹던 기억, 팔랑거리던 선생님의 하늘빛 치마.

바르셀로나에는 이처럼 여행자의 노스탤지어를 자극하는 노천시장이 많이 있다. 여행자들은 그곳의 물건들이 들려주는 옛 이야기를 들으며 그들의 과거, 그리고 그것을 통해 자신들의 추억을 어루만지게 된다.

노천 그림 시장

백 년 전의 달콤함이 고스란히 남아있는 뻬뜨리촐 골목을 걷다가 골목의 달콤함으로 가슴에 등불이 하나 켜질 무렵 만나게 되는 뻬Pi 광장. 건물의 규모에 비해 좀 우스꽝스럽게 큰 로세톤을 가진 산따 마리아 델 뻬 성당과 한 켠의 뜬금없는 소나무 한 그루로 잘 알려진 조그만 광장이다.

이곳에서는 매주 주말토요일 11:00~20:00, 일요일 11:00~14:00 마다 직접 만든 치즈, 벌꿀, 초리소Chorizo, 스페인식 소시지, 와인, 캐러멜 등과 같은 먹을거리를 파는 장터가 열린다. 치즈나 초리소의, 약간은 퀴퀴한 냄새가 오래된 성당에서 풍겨 나오는 향내와 함께 섞여 관광객의 감성을 자극한다. 손님이 지나갈 때마다 시음용 치즈를 잘라 권하는 상인의 모습에서 한국의 마트 풍경이 생각나고, 문득 젓갈이나 장아찌 등과 같은 것들도 팔았으면 하는 생각이 들기도 한다.

뻬 광장에 바로 붙어있는 산 조셉 오리올San Josep Oriol 광장 또한 작은 광장이지만 뻬 광장처럼 보헤미안적인 분위기가 가득하다. 그것은 어쩌면 광장 한 귀퉁이에 스페인 내전 시절, 프랑코군에 맞선 까딸루냐 공산당PSUC이 창당된 장소로 유명한 바르 델 뻬Bar del Pi가 있어서 그럴지도 모르겠다. 이곳에서는 매 주말마다 그림시장이 열린다.

삼십오 년 전, '거리에서 예술을'이란 모토를 가진 예술가 그룹이 자신들의 작품을 거리에 전시하였다. 이 광장에서 그림시장이 열리게 된 시초다. 처음에는 몇 명만으로 출발했으나 시간이 지나면서 예술가들이 합류하여 지금은 서른네 명의 화가가 참여하고 있다. 그중에는 외국인도 있다. 그림을 그리는 사람이라면 누구라도 참여할 수 있지만 자리가 제한되어 있는 까닭에 일단 구청에 신청을 한 후 자리가 날 때까지 기다려야 한다.

바르셀로나에는 몇 군데의 그림시장이 더 있다. 람블라스 길 아래쪽에도 있고 뽀뜨 벨Port Vell 항구 영화관 옆, 그리고 휴일에는 구웰 공원의 야자수 길에서도 열린다. 화랑에서만 보는 그림을 거리에서 만날 수 있다는 것은 즐거운 일이다. 사람의 눈길을 끌기 위해 과장된 원색을 사용한 그림이 대부분이긴 하지만 간혹 마음에 드는 그림을 만나기도 한다. 그리고 그림을 걸어둘 만한 내 집 어느 공간을 생각하기도 한다.

노천화랑의 화가들은 평소와 다른 일을 하면서 일종의 취미로 그림을 그리는 사람도 있다. 람블라스 길과 같이 상시로 열리는 그림시장의 화가들은 전업 작가들이지만 가끔 열리는 그림시장의 작가들은 평소에는 다른 일을 하다가 틈틈이 그림을 그려 전시 판매하고 있다. 그림 가격은 작게는 30유로 정도에서 몇 백 유로까지 천차만별이지만 운이 좋으면 마음에 드는 그림을 생각보다 싼 가격에 살 수도 있다. 가격표를 붙여놓지 않은 경우가 많아 흥정을 잘하는 것이 중요하다.

바르셀로나 사람들은 그림에 대한 남다른 애정을 가지고 있다. 시내 곳곳에서 크고 작은 갤러리들을 만나는 것은 흔한 일이며 바르셀로나 사람들의 집을 방문해보면 식탁 위나 그림을 걸어둘 만한 공간에는 꼭 그림이 걸려있는 것을 볼 수 있다. 피카소, 달리, 미로 등과 같은 걸출한 화가들이 활동했던 무대인 탓도 있겠고, 밝은 태양과 지중해 푸른빛이 바르셀로나 사람들의 색채감과 미적 안목을 키워준 이유도 있을 것이다.

매주 목요일, 대성당 앞 노바**Nova** 광장에서는 전형적인 유럽의 벼룩시장이 열린다. 인근 빠야**Palla** 길과 같은 대성당 주위의 오래된 길에 있는 골동품 가게에서 일주일에 한 번씩 물건을 내어놓은 것이다. 몇십 년 전에나 사용했을 것 같은 낡은 다리미, 커피 가는 기계들, 도자기 인형들, 구형 흑백 사진기들, 누렇게 바랜 책들, 때 묻은 장신구와 장식장 등 전형적인 벼룩시장의 물건들이다.

맑고 투명한 햇살, 그리고 바로 옆 성당 계단 앞에서 펼쳐지는 거리악사들의 음악은 벼룩시장을 더 낭만적으로 만든다. 한편 이곳에서는 해마다 크리스마스 무렵에 크리스마스용품을 파는 산따 루씨아**Santa Lucia** 시장이 열리는데 크리스마스가 가까워지면 아이들 손을 잡고 나온 바르셀로나 시민들과 색색이 켜진 조명으로 인해 연말 분위기가 고조된다.

Joan Piera
articles per a Belles Arts i Dibuix
pintors del pi
pintors del pi

barcelona

바르셀로나 구도심에서 가장 사람의 왕래가 많은 길인 뽀르딸 델 앙헬**Portal del Angel** 길에서는 직접 손으로 만든 제품을 판매하는 수공예 시장이 열린다. 가죽제품, 재활용 종이제품, 은 세공품, 천으로 만든 가방들, 특별한 디자인의 옷 등이 주된 상품들인데 색깔도 화려하고 디자인도 특이하다. 그러나 가격은 그리 비싸지 않아 관광객들의 간단한 선물 구입 장소로 사랑을 받는 곳이다. 정해진 상인들이 있는 것이 아니라 보름마다 자리의 주인이 바뀌므로 결국 일 년 내내 새로운 상인들의 물건을 보는 재미가 있다. 비슷한 성격의 시장이 람블라스 길 끝 무렵인 람블라 데 산따 모니까**Rambla de Santa Monica** 길과 뽀뜨 벨**Port Vell** 항구의 까딸루냐 역사박물관 앞, 로마무덤이 있는 비야 마드리드**Villa Madrid** 광장 옆, 그리고 산따 마리아 델 마르**Santa Maria del Mar** 성당으로 가는 길목에 있는 아르헨떼리아**Argenteria** 길에서도 열린다.

일요일 아침, 생각보다 일찍 잠이 깬 여행객이라면 산 안또니**San Antoni** 시장 주위에서 열리는 헌책시장에 가보자. 절판되어 더 이상 유통되지 않는 책들, 여러 사람의 손을 거쳤을 법한 낡고 오래된 책들, 온갖 종류의 만화책들, 저렴한 영화 DVD와 비디오게임들이 산더미처럼 펼쳐져 있는 곳이다. 알고 찾아오는 여행객들도 있지만 대부분은 바르셀로나 시민들이다. 지나간 잡지를 모으는 사람은 중간에 이가 빠진 잡지들을 이곳에서 찾기도 한다.

헌책방처럼 묘한 노스탤지어를 주는 곳이 또 있을까. 켜켜이 쌓여있는 헌책들을 보며, 그 책을 읽었던 영혼들을 생각하고, 그 영혼들을 거치면서 더 단단해졌을 책 속의 활자들을 생각한다.

왜 그랬을까, 어렸을 때 집에 있던 책을 다 팔아먹은 적이 있었다. 아버지 책장에 있던 '천일야화', '태평양전쟁' 같은 시리즈들을 부산 보수동 헌책골목까지 가지고 가서 팔았다. 판 돈으로 충무동시장 좌판에 팔던 산딸기를 사먹었던가. 아아, 먼지 뿌옇게 쌓인 내 유년이여. 바르셀로나 산 안또니 헌책시장에서 그 황토빛 유년을 만난다.

가우디 가로등으로 유명한 레이알**Reial** 광장에서도 매일 일요일 오전에 우표와 옛날 돈, 전화카드, 핀 등과 같은 것들을 사고팔거나 교환하는 시장이 열린다. 이곳 역시 관광객보다는 주로 수집가들이 많이 찾는 곳이긴 하다. 하지만 관광객의 입장에서도 현지인들이 모이는 노천시장의 정취를 느낄 수 있을 뿐만 아니라 햇살 가득한 광장의 테라스에 앉아 사람들을 구경하는 재미가 큰 곳이다.

람블라스 거리 꽃시장

보께리아 시장 앞쪽에 있는 이 시장**노천시장 형식이지만 공식적인 상설시장이다**은 람블라스길을 걷는 관광객들에게 색다른 즐거움을 주는 곳이다. 이곳은 일 년 내내 각종 꽃으로 둘러 싸여있는데 특히 매년 4월부터는 후끈 달아오른다. 바르셀로나 최대의 축제 중 하나인 산 조르디**San Jordi** 축제인 4월 23일이 다가오면서 이곳을 중심으로 꽃의 장관을 연출한다. 산 조르디 날은 남자들은 여자에게 장미를 선물하고, 여자는 남자에게 책을 선물하는 날로 온 도시가 장미꽃으로 뒤덮이는데 특히 람블라스 거리 꽃시장을 중심으로 온통 꽃의 물결을 이룬다. 어디서나 흔히 보는 꽃이지만 여행 중에 만나게 되는 꽃 시장은 설렘과 낭만감 등 그 느낌이 좀 다른 것 같다.

산 조르디 날에 장미를 선물하게 된 기원은 매우 로맨틱하다. 옛날 한 동굴에 용이 살고 있었다. 용은 매우 포악하여 사람들을 잡아먹곤 하였다. 사람들은 배고픈 용이 마을로 내려와 사람들을 잡아먹는 것을 막기 위해 매일 두 마리의 염소를 바쳤다. 염소의 숫자가 점점 줄어들자 드디어는 염소 한 마리와 사람 한 명을 뽑아 바치게 되었다. 그러던 어느 날 공주가 제물로 뽑히게 되었다. 공주는 염소 한 마리를 데리고 용이 사는 동굴로 향하였는데, 그때 조르디라는 기사가 나타나 용을 찔러죽이고 공주를 구한다. 피로 흥건해진 용의 몸에서 한 송이의 붉은 장미가 피어나고 조르디는 이를 꺾어 공주에게 선물한다. 이것이 산 조르디 날에 남자가 여자에게 장미를 선물하게 된 기원이다. 여자가 남자에게 책을 선물하는 것은 마침 이 날이 세계 책의 날이라는 데서 그 기원을 찾을 수 있다.

콜럼버스 탑 앞에 있는 바르셀로나 항구는 일 년 내내 푸른 바람이 가득한 곳이다. 항구 계단에 앉아 코발트빛 바다를 보거나, 투명한 물속에서 노니는 물고기를 보거나, 먹이를 찾아 짧은 비상을 반복하는 갈매기를 보거나, 하늘을 오가는 빨간색의 케이블카를 보거나, 새로 지은 반달 모양의 W호텔을 보거나 이곳은 언제나 눈부신 푸름으로 가득 찬 곳이다. 이곳 항구 앞 넓은 공터에 주말마다 벼룩시장이 열린다. 자생적인 벼룩시장이라기보다는 상업적인 냄새가 물씬 풍기는 곳사진을 찍지 못하게 하는 벼룩시장은 처음 보았다이긴 하지만 시원한 바람이 부는 바닷가라 그런지 그 느낌이 좀 다르다.

유럽에서 가장 오래된 벼룩시장 중 하나인 엘스 엔깐츠**ELS ENCANTS**, 지금은 고물들만 모아놓은 것 같은 수준이지만 한때는 바르셀로나 상업의 중심 역할을 한 곳 중 하나다. 흔히 대포알 빌딩으로 불리는 바르셀로나 수자원공사**ACBAR** 타워가 있는 레스 글로리에스 까딸라네스**Les Glories Catalanes** 로터리 옆에 있다. 가구, 전자제품, 옷과 속옷, 레코드, 골동품 등 그야말로 없는 것이 없어 언뜻 보면 재미있는 시장이지만 쓰레기통을 뒤져 건져온 것들을 그대로 내어놓는 것들이 대부분이므로 적당한 안목이 필요한 곳이다. 그런 의미에서 벼룩시장이라기보다는 고물시장이라고 하는 편이 더 나을 것 같다.

시장이 재미있는 것은 사람을 만날 수 있기
때문이다. 세상 여기저기에서 온 모든 연령의
사람들. 그들에게서 내 과거를 보고 내
미래를 만난다.

자연과 인공의 조화, 람블라 델 마르

유난히 기분이 좋아지는 장소가 있다. 구김 한 점 없는 태양빛이 바다와 바람과 사람을 골고루 비추는 곳, 자연과 인공이 완벽하게 조화를 이룬 곳, 가난한 사람과 부자인 사람과 큰 차이가 없는 곳.

이곳에서는 아무리 염세적인 사람이라도 행복해진다. 나는 이곳에서 바르셀로나 사람들의 빛나는 창의성을 본다. 이곳에 참 많이도 왔지만 단 한 번도 싫증난 적이 없었다. 매번 보는 바다, 매번 보는 다리, 매번 보는 요트들이지만 이곳에 오면 언제나 처음처럼 설렌다.

올림픽을 준비하면서 바르셀로나 사람들은 컨테이너 부두를 남쪽으로 이전하고 산업화로 오염된 항구를 정비했다. 그리고 그곳에 다리를 놓아 육지를 바다로 연장하고 그 끝에 마레마그눔**Maremagnum**이라는 크고 훌륭한 쇼핑몰을 지었다. 올림픽을 도시 발전의 기회로 가장 잘 활용한 도시가 바르셀로나라면 그 성공의 중심에는 바르셀로나 항구의 재개발을 들 수 있다. 어느 누구도 항구가 없는 바르셀로나를 상상하지 않으며, 람블라 델 마르**Rambla del Mar**와 마레마그눔이 없는 바르셀로나 항구를 상상하지 않는다. 한 때 컨테이너 부두이자 공장 폐수로 오염된 그렇고 그런 항구를 이렇게 아름답게 바꿀 수 있다는 사실이 놀랍다.

이곳을 보며 우리나라의 항구들을 생각한다. 바다가 없는 도시에 바다를 만들어 붙일 수는 없지만 있는 바다를 활용하고 못하고는 그 도시의 역량이다. 나는 우리나라 모든 항구들이 바르셀로나처럼 아름답게 변하는 꿈을 꾼다.

보통의 경우 항구로 가는 길목에는 어시장이 있거나 아니면 배를 수리하는 조그만 조선소가 있어 어수선하고 질척거리게 마련이다. 그러나 바르셀로나 항구로 가는 길에는 단 한 번의 질척거림도 없다. 람블라스 길을 따라 그냥 산책하듯이 걷다보면 만나게 되는 항구, 항구로 가는 길에 단 하나의 장애물도 없다. 짠 냄새도 없고 비린내도 없어서 일까. 바다라기보다는 오히려 큰 호수 같은 느낌을 준다. 투명한 바다 속에는 어른 팔뚝만한 물고기들이 유유히 헤엄치고 그 위로 하얀 물새들이 무리지어 날았다 앉았다를 반복한다. 맨바닥에 누워도 뽀송뽀송한 나무

바닥이라 불편하거나 어색하지 않고 유리로 된 구조물은 기대어 책을 읽기 적당
하다. 무릎을 베고 눕거나 반쯤 누운 자세로 깊은 키스를 나누는 남녀들의 애정
행각도 여기서는 그렇게 선정적으로 보이지 않는다.

람블라 델 마르와 마레마그눔, 그 뒤로 이어지는 수족관과 아이맥스 영화관
이 있는 곳까지 바르셀로나 항구 모든 곳이 다 훌륭한 소풍 장소다. 요일에 관계없
이 많은 여행객들이 이곳을 찾지만 휴일이 되면 외국인 노동자 가족들로 가득하
다. 여러 개의 빵을 가지고 와서 몇 시간 동안 물고기 밥을 뿌려대는 파키스탄 가
족도 있고 극장 앞 맥도날드, 그 햇살 좋은 테라스에 앉아 빅맥 몇 세트로 한나절
을 보내는 필리핀 가족도 있다. 적어도 이곳에서의 시간만큼은 이민생활의 고단
함을 찾아볼 수가 없다.

이민자들에게 바다와 항구가 주는 느낌은 남다를 것이다. 저 바다 너머 나의
고향이 있을 것이라는 생각을 하며 바다를 보고 하루를 보내는 것이 향수를 달래
는 방법이 될 수도 있으니까. 게다가 여기서는 돈이 들 일이 없다. 누구에게나 공
평하게 주어지는 태양과 바다, 바람에 무슨 돈이 필요하나.

람블라 델 마르 왼쪽은 돛의 숲이다. 셀 수도 없이 수많은 요트가 그림처럼 정
박해 있다. 이곳에서는 어떤 앵글로 사진을 찍어도 작품이 된다. 가끔씩 흰 셔츠
를 입은 멋진 남자가 요트를 몰고 나가는 광경이 보이기도 한다. 그런데 이상하게
도 요트를 타는 인생이 그리 부럽지는 않다. 여기서는 그들이 가진 바다와 내가
가진 바다, 그리고 소풍 나온 필리핀 가족이나 파키스탄 가족이 가진 바다에 큰
차이가 없다.

물론 이곳에도 어둠은 있다. 환한 태양 아래서 나무 넝쿨 같은 손이 둘둘 말은
보자기 속으로 들어가 물고기 비늘 같은 가방을 하나씩 꺼내 늘어놓는다. 세상에
서 가장 짧은 시간동안만 열리는 가게. 쫓는 경찰의 눈을 피해 아주 잠시만 열리
는 짝퉁 가방시장. 그들의 큰 눈동자에는 바르셀로나 항구의 바다가 들어오지 않
을 것이다. 손님이 오는 것보다 경찰이 오는 것을 먼저 봐야하는 가련한 인생. 혹

시라도 급히 도망가느라 늘어놓은 물건 몇 개라도 두고 가는 날에는 하루 종일 쫓기면서 팔았던 것이 허사가 되는 슬픈 현실.

잘 단장된 람블라 델 마르와 마레마그눔이 바르셀로나의 빛이라면, 그 언저리에서 짝퉁 가방과 벨트 그리고 선글라스를 파는 아프리카 흑인들은 바르셀로나의 어둠이다.

barcelona

바르셀로나가 아름다운 건 바다가 있기
때문이다. 그림 같은 바다.
사진을 찍으면 그대로 그림이 되는 곳이
바르셀로나 항구다.

barcelona

야외테라스에서 식사를 하거나 나무 바닥에
누워 하늘을 보거나 사람들을 쳐다보는
것만으로도 행복해진다. 람블라 델 마르에서는
어떤 염세적인 사람도 행복해진다.

하나의 정신, 두 개의 까떼드랄

하나의 정신, 두 개의 까떼드랄

나를 만날 수 있는 곳, 산따 마리아 델 마르 성당

지중해 습기 머금은 공기 탓일까. 거리의 온도계는 섭씨 영도를 가리키고 있을 뿐인데 체감온도는 훨씬 낮게 느껴진다. 아마도 올 겨울 들어 가장 추운 날인 것 같다. 이렇게 추운 날이면 몸이 경직되는 것처럼 정신도 긴장된다. 긴장된 정신은 평소에 그냥 지나치던 풍경들도 조금은 다른 모습으로 바라보게 된다. 괜히 생각도 좀 많아지고.

바르셀로나 보른지구의 중심에 있는 산따 마리아 델 마르Santa Maria del Mar 성당. 천정 아래 깊게 가라앉아 있는 차가운 나무 의자에 앉아 걸어온 길을 돌아본다. 여기서 돌아보니 제법 먼 길을 걸어온 것 같다. 인생이란 긴 여행에서 이렇게 가끔씩 신발 끈을 고쳐 매면서 걸어온 길을 돌아보고 또 가야할 길을 생각해보는 것도 의미가 있지 않을까.

어디선가 짙은 향내가 풍겨온다. 그 향내로 인해 허망한 들뜸과 괜한 열정들. 그 부질없음이 조금은 진정되는 것 같다. 돌기둥 사이 갈라진 틈을 만져보기도 하고 제단 뒤에 혹 비밀스러운 장소라도 있는지 기웃거려보기도 한다. 세월에 닳은 돌로 된 바닥을 내려다보며 그 아래 잠들어 있는, 높고 고귀한 영혼들을 생각해본다.

갑자기 어디선가 약하지만 깊은 울림을 가진 성가가 안개처럼 쏟아져 내려온다. 소리가 쏟아져 내려오는 곳을 쳐다본다. 검은 돌이끼 잔뜩 낀 천정, 아니 어쩌면 소리는 그보다 더 높은 곳에서 내려오는 것 같다. 그 천상의 소리를 들으며 지금까지 내가 단 한 번도 강한 적이 없었다는 것을 인정할 수밖에 없다.

산따 마리아 델 마르 성당은 마음이 추운 날 더 찾게 된다. 몇 사람은 나무 의자에 앉아 천정을 올려다보고 있고, 몇 사람은 두 손을 모은 채 간절한 기도를 올리고 있다. 다시 어머니를 생각한다. 이런 순간에는 언제나 돌아가신 어머니가 생각난다. 그래야 닫혀있던 눈물샘이 열리고 나의 기도가 더욱 간절해지고 감정이 정화된다. 차가운 나무 의자에 앉아 절절한, 그러나 지극히 세속적인 기도를 풀어

놓는다. 나의 기도는 언제나 똑같다. 나와 가족이 아프지 않고, 새로 시작하려고 하는 일 잘 되고. 그리고 돈 많이 벌게 해달라는 가엾은 기도다.

산따 마리아 델 마르 성당은 천정을 받치고 있는 기둥이 가늘어 시야가 트이고 시원한 느낌이 든다. 스페인 성당에서 흔히 볼 수 있는 위압적인 장식과 사람을 질리게 하는 금박도 없고 수수하고 소박하다. 내가 작아지지 않고서도 무한한 경외감을 느낄 수 있는 곳, 지치고 힘들 때 그냥 편하게 찾을 수 있는 곳. 종교가 없는 사람도 무릎을 꿇고 기도하고 싶어지는 곳, 탐욕으로 가득한 현생 그 이상의 것을 생각하게 하는 곳이다.

사람들은 산따 마리아 델 마르 성당을 까딸루냐의 까떼드랄^{대성당}이라 불렀다. 까딸루냐 왕국의 사르디니아^{Sardinia} 정복을 기념하기 위해 보른 지구의 상인 조합이 지은 성당으로, 바르셀로나 수호성인인 산따 에우랄리아^{Santa Euralia}의 무덤 자리라 믿겨지는 곳을 성당 건축을 위한 자리로 택했다. 몸을 움직일 수 있는 모든 바르셀로나 시민들이 평생에 걸쳐 한두 번은 노동력을 제공하여 세기를 걸쳐 짓는 일반적인 성당과는 달리 1329년에서 1383년까지 54년이라는 짧은 기간에 완성되었다. 그래서 건축 양식이 혼합되지 않고 순수한 고딕양식으로 지어질 수 있었다. 그러나 지금의 성당은 원래 모습과는 좀 다르다. 1936년 7월 18일 스페인 내전이 일어나던 날, 분노한 반가톨릭 무정부주의자들의 방화로 인해 측면 예배당들과 합창단석 등이 불에 타 기초만 남았다. 이후 원래의 순수한 양식을 염두에 두고 보수를 한 것이다.

산따 마리아 델 마르 성당은 중앙 신자석의 폭이 26m로 유럽에서 가장 큰 규모에 속한다. 성당 내부의 울림이 좋아 가끔씩 클래식이나 성가 공연을 하기도 하며 바르셀로나 젊은이들이 결혼 미사를 올리는 장소로 가장 선호하는 곳이다. 일요일에 이곳을 찾으면 순백의 신부와 멋진 신랑이 하객들에게 쌀 세례를 받는 모습을 종종 보게 된다.

동네 노인네들이 단체로 여행을 왔나보다.
산따 마리아 델 마르 성당 계단에 서서
사진을 찍는다. 펑, 하고 터지는 플래시가
어울릴 것 같은 풍경이다.

바르셀로나와 희노애락을 함께한 곳, 대성당

다른 대성당들과 마찬가지로 바르셀로나 대성당도 노바Nova 광장과 세우Seu 광장이라 불리는 광장을 가지고 있다. 광장 한쪽의, 햇볕이 따뜻하게 내려쬐는 성당 앞 계단에 앉아 오가는 사람들을 보며 거리음악가들의 연주를 들을 수도 있고 동네 아저씨들로 구성된 오케스트라의 음악에 맞춰 까딸루냐 전통춤인 사르다나Sardana를 추는 사람들을 만날 수도 있다. 목요일마다 열리는 벼룩시장에서는 앤티크한 소품들과 이를 구경하는 사람들 사이에서 낡은 추억들을 건질 수도 있고 연말에 이곳을 찾는다면 크리스마스 용품들을 파는 재미있는 장이 열리는 것을 구경할 수도 있다.

흔히 대성당이 도시의 중심에 있는 것처럼 바르셀로나 대성당도 옛날 바르셀로나의 중심 부분에 위치하고 있다. 약간 구릉진 언덕의 정점으로부터 마치 물이 흐르는 운하처럼, 미로 같은 수많은 골목들을 따라 고딕지구 곳곳으로 연결되어 있다. 마치 스위치를 켜면 가지를 따라 불이 켜지는, 언젠가 영화에서 본 적이 있는 장면이 연상된다. 이곳은 이천 년이 넘는 동안 바르셀로나의 중심이었다. 로마인의 신전이 있었으며, 비시고도Visigodo 교회의 납골당, 그리고 무어인의 모스크가 있던 자리였다. 성당 오른쪽에는 로마시대의 성벽과 수로교의 흔적이 지금까지 남아있다.

지금의 대성당은 1298년에 처음 공사가 시작되어 약 150년 동안 네 명의 다른 건축가가 작업을 해서 1460년 무렵에 큰 부분의 공사는 완료되었다. 그러나 정면 벽면 부분은 경제적인 이유, 정치 사회적인 이유로 인해 오랜 세월동안 미완성인 채로 방치되어 있다가 1913년에야 완성되었다. 성당에 들어서면 오른쪽의 산띠심 사그라멘뜨Capilla del Santissim Sagrament 예배당을 비롯해 여러 개의 예배당들이 성당 내부를 둘러싸고 있으며, 전면 중앙에는 고풍스러운 성가대석이 자리하고 있다. 제단 아래에는 까딸루냐의 수호성인 산따 에우랄리아Santa Eulalia의 무덤이 있는데, 보른지구에 있는 산따 마리아 델 마르Santa Maria del Mar 성당에 있던 것을 이곳으로 옮겨놓은 것이다.

성당 바깥에는 나무가 많은 작은 정원이 있고 13마리의 거위가 놀고 있다. 13이라는 숫자는 산따 에우랄리아가 제물로 바쳐졌을 때의 나이를 상징한다. 한 가지 재미있는 것은 꼬르뿌스 끄리스띠**Corpus Cristi** 축제 때 미리 준비한 속이 빈 계란을 정원 한쪽의 분수에 올려놓아 그날 하루 종일 떨어지지 않으면 그해는 좋은 일이 일어난다는 전설이 있다.

바르셀로나 대성당은 성당 자체가 주는 영감은 그리 크지 않은 것 같다. 산따 마리아 델 마르 성당에서 느껴지는 것과 같은 경건함도 없고 산따 마리아 델 삐 성당에서 느껴지는 소박함도 없다. 그리고 페란 길에 있는 산 자우메 성당에서 볼 수 있는 단아함도 찾아볼 수가 없고.

그래도 대성당은 대성당이다. 이천 년이 넘는 기간 동안 바르셀로나의 정치적, 정신적 정점에서 바르셀로나의 기쁨과 슬픔, 흥망과 성쇠를 지켜보았다. 오후 1시부터 오후 5시 사이**일요일은 오후 2시부터 오후 5시**에는 5유로 입장권을 사야 하고 그 외 시간은 무료다. 엘리베이터를 타고 탑으로 올라가면 고딕지구 중심에서 바르셀로나의 전경을 내려다볼 수 있다.

아이들이 그린 낙서 같은 그림이 있는 성당 앞 하얀 건물은 바르셀로나 건축가협회 건물로 1951년 피카소가 디자인한 것을 까를 네스하르**Carl Nesjar**가 완성하였다. 당시 피카소는 프랑코와의 정치적 견해 차이로 망명길에 올라 바르셀로나에 돌아올 수 없었다.

barcelona

바르셀로나 대성당은 바르셀로나 이천년의
흥망과 성쇠를 지켜봐왔다. 이 대성당 앞에서
벼룩시장이 열리고, 민속춤 사르다나 공연과
거리 악사들의 공연도 펼쳐진다.

시간이 멈추는 곳

시간이 멈추는 곳

바르셀로나 대학

다른 유럽 국가들과 마찬가지로 스페인 대학들은 캠퍼스에 모여 있기보다는 단과대학별로 별도의 건물에 흩어져 있는 경우가 많다. 흔히 이야기하는, 그리고 상식적으로 그렇게 알고 있는 바르셀로나 대학은 그란비아Gran Via 거리의 시계탑이 있는 건물을 말한다. 그 앞 광장의 이름이 대학광장Plaza de Universidad이고, 지하철역 이름이 대학Universidad이니 틀린 것은 아니다.

겉에서 봐서는 열릴 것 같지 않은 육중한 나무문을 밀고 들어가면 아치형 천정이 포물선을 그리며 쏟아지는 서늘한 회랑이 나온다. 노란 색의 둔탁한 전등 빛과 굴곡진 돌기둥이 만드는 그림자들로 인해 회랑은 엄숙한 분위기를 자아낸다. 산 이시드로San Isidro, 루이스 비베스Luis Vives, 라몬 눌Ramon Llull과 같은 현자賢者들의 조각상을 지나 빛이 쏟아져 들어오는 반대편 문으로 나가면 낡은 정원으로 통하는 마당이 있다.

오렌지나무 아래 작은 고래가 물을 뿜는 듯한 자그마한 분수, 그리고 일본식 정원에나 있을 법한 금붕어들. 잘 관리되었지만 보기에 따라서는 버려진 듯한 낡은 정원에는 늦은 오후의 바람만 가득하다. 학생들의 빵조각으로 살아가는 고양이들이 슬금슬금 눈치를 보며 지나간다. 고양이들은 빵을 줄 사람과, 빵은 주지 않고 카메라만 들이밀 사람이 누구인지를 본능적으로 알고 있는 듯하다.

허리가 비틀어진 오래된 나무 아래 이끼 낀 돌 벤치에 앉아있으면 숨어있는 세상의 소리가 다 들리는 듯하다. 대학의 정원이라서 그런지 건너편 의자에 앉아 책을 읽는 학생들이나 입구 쪽 계단에서 수다를 떨고 있는 학생들, 그리고 산책을 즐기는 학생들 모두에게서 대학생 특유의 상큼함이 느껴진다.

공부에 나이가 없다는 점에서 이런 표현은 적당하지 않지만 마흔이 훌쩍 넘은 나이임에도 이곳에만 들어오면 책이 읽고 싶어지고 또 다시 공부가 하고 싶어진다. 어쩌면 공부가 하고 싶어진다기보다는 빈 강의실 또는 근처 카페테리아에서 같이 수업을 듣는 아이들과 과제 준비를 위한 토론을 하고, 과제 발표가 끝난 후에는 그들과 같이 밤새 술도 마시고 싶어진다는 표현이 더 맞을지 모르겠다.

얼마 전까지 그런 생활을 했으니 그런지도 모르겠다. 바르셀로나에 정착하면서 이곳 바르셀로나 대학에서 스페인어를 공부하고 근처 비즈니스스쿨에서 MBA를 공부했다. 바람 좋은 오전, 자전거를 타고 햇살 가득한 길을 따라 학교에 가는 즐거움을 어떻게 설명해야 할까. 수업 내용은 물론이고 스페인어에 대한 부담까지 있어 힘들기도 했지만 어린 학생들의 틈에 끼어 수업을 듣는 기쁨이 더욱 컸다.

수업 중간에 두 시간 정도 남는 시간이 생기면 레이 광장이나 페란 길까지 걸어가서 커피 한 잔을 마시며 행복한 오전 시간을 보냈다. 빛이 비스듬히 들어오는 오전의 카페테리아에서 신문을 읽기도 하고 수업을 위한 책을 읽기도 했다. 문득 문득 미래에 대한 불안감이 없었던 것은 아니었지만 모든 것이 다 잘 될 것이라는 자기암시로 그 불안감을 덮곤 했다.

한국과 달리 이곳 강의실에서 나이는 상관 없었다. 같은 시간에 같은 강의실에서 수업을 듣는 것만으로 친구가 된다. 한국에서의 나이와 지금까지 쌓아온 사회적인 경력들은 이곳에서는 잊어도 좋다, 아니 잊어야 했다. 지금 내가 어느 공간에서 어느 누구와 함께 무엇을 하고 있느냐는 것이 중요할 뿐이다. 가끔씩 스무 살 갓 넘긴 클래스메이트가 내 엉덩이를 툭, 치며 한마디씩 하곤 했다. "또도 비엔 **Todo bien**? 다 잘 되가?" 딱히 잘되는 것도 그렇다고 잘못되는 것도 없었다.

수업이 끝난 오후에는 지하 학생식당의 유난히 쓴 커피^{학생식당 커피는 써야 제 맛이다}를 마시며 클래스메이트에게서 복사한 수업내용을 읽기도 하고 시험을 앞둔 날에는 천정이 높아 서늘한, 오래된 대학도서관에서 시험공부를 하기도 했다. 이미 단단해진 머리에 스페인어로 외어야 할 것들을 집어넣는 것은 생각보다 어려운 일이기도 했지만 세월이 지나면 그러한 날들 또한 그리워질 것임을 잘 알기에 즐겁게 공부하려고 노력했다.

바르셀로나 대학은 한 곳에만 있는 것이 아니다. 단과대학별로 여기저기 흩어져있어 캠퍼스 개념에 익숙한 우리나라 사람들은 좀 혼란스러워 할 수 있다. 물론 여러 학부가 모여 있는, 흔히 말하는 캠퍼스 비슷한 개념의 장소가 있기는 하다. 지하철 3호선 종점인 쏘나 우니베르씨따리아**Zona Universitaria**. 굳이 우리말로 번역하자면 '대학촌' 쯤 된다. 하나의 울타리 안에 있는 것은 아니지만 여러 단과대학이 모여 있어 대학 캠퍼스 같은 느낌을 준다. 그러나 바르셀로나 대학은 여기 저기 흩어져 있다는 것을 염두에 두어야 한다.

여러 곳에 흩어져 있는 단과대학 중 라발지구 현대미술관 근처에 있는 지리역사학부 역시 대학 특유의 낭만이 넘치는 곳이다. 낙후된 라발지구에 신선한 공기를 불어넣기 위해 지은 현대미술관**MACBA**처럼 바르셀로나 대학 역사지리학부 역시 같은 목적으로 그곳에 들어섰다.

정문을 들어서면 왼쪽에 있는 건물이 도서관인데 지하 창을 통해 열심히 공부하고 있는 학생들의 모습을 볼 수 있다. 한국 관광객들은 그 모습을 보고 "와, 스페인 학생들도 공부하네요."라며 신기해한다. 이상하게도 우리나라 사람들은 스페인 학생들이 공부를 하지 않는 이미지를 갖고 있는 것 같다.

도서관 앞 지하 뜰에 있는 이상하게 생긴 벤치에는 세상에서 가장 편안한 자세로 책 읽는 학생들을 볼 수 있다. 오른쪽 건물 지하에는 깔끔한 학생식당이 있는데 5유로 조금 넘는 금액으로 오늘의 메뉴를 먹을 수 있고 밀크 커피 한잔 값은 1유로를 넘지 않는다.

낙서 가득한, 그리고 담쟁이덩굴이 뒤덮인 벽이 있는 학생식당 앞의 손바닥만한 마당에서 올려다보는 하늘, 그 푸른빛이란. 훗날 내가 바르셀로나를 떠나있을 때, 어쩌면 가장 생각나는 풍경 중 하나가 될지도 모르겠다. 대학은 시간이 멈추는 곳이다. 아무리 많은 세월이 흘러도 대학에만 가면 풋풋했던 그 시절로 돌아간다. 대학을 졸업한 이후의 시간들은 다 사라져버리고 손을 놓으면 원래 위치로 튕겨져 돌아가는 스프링 인형처럼, 형상기억 베개처럼 그렇게 그 시절로 돌아가 버린다.

140   barcelona

대학처럼 시간이 멈추는 곳이 또 있을까.
아무리 나이를 먹어도 대학에만 가면 대학
졸업 이후의 시간들은 다 사라져 버리고
다시 그 시절로 돌아간다.

barcelona

지붕해 푸른 빛을 닮은 푸른전차
뜨람비아 블라우. 시속 10km로 운행하는
바르셀로나 유일의 전차이다.

푸른 전차의 추억, 뜨람비아 블라우

낮은 언덕길로 푸른빛을 가진 조그만 전차가 햇살에 반짝이며 내려온다. 그 푸른빛은 지중해 푸른빛이다. 전차 종점 의자에 앉아 전차를 기다리던 사람들이 햇살처럼 천천히 일어선다. 차장이 먼저 내려 자바라 문을 열어준다. 사람들이 내리고 난 후 타는 사람은 차장에게서 표를 산다. 표는 수표책 같은 다발에서 뜯어준다. 요즘 흔히 볼 수 있는 휴대용 단말기 같은 것은 없다. 그래야 한다. 다른 것은 몰라도 전차표는 이렇게 손으로 뜯어주며 팔아야 한다. 전차표를 현대식 단말기로 팔았다면 나는 아마도 조금은 실망했을 것이다.

실내는 나무로 되어있어 운치가 있다. 운전석에는 그 흔한 계기판 하나 없고 둔탁해 보이는 쇠로 된 조정 레버 하나만 있을 뿐이다. 탈 사람이 타고 난 후에도 운전수와 차장은 한참 동안 잡담을 나눈다. 그리고 안내방송 하나 없이 그냥 출발한다. 덜컹하는 소리와 흔들림이 없었다면 아마 출발하는지도 몰랐을 것이다. 방향을 틀 때마다 끼이익, 하는 날카로운 기계음과 함께 금속 레일의 진동이 그대로 온몸에 전해진다.

나지막한 언덕길 가엔 화려한 모더니즘 형식의 저택들이 늘어서 있다. 바르셀로나 모더니즘 건축의 전시장을 지나간다고 해도 틀릴 것 같지 않다. 늘어선 건물들은 구도심의 고딕지구나 라발지구의 칙칙한 건물들과 달리 오렌지색이나 흰색 계통의 밝은 색으로 칠해져 있어 고지대 특유의 투명한 햇살에 더욱 더 산뜻해 보인다. 성처럼 생긴 저택들의 담장과 정원을 쳐다보며, 그 안쪽에 숨어있을 것 같은 이끼 낀 석상과 분수와 마구간, 그리고 비밀스런 기도실을 상상한다. 걷는 속도와 비슷한 속도로 올라가는 전차가 가로수 그늘을 스쳐지나갈 때마다 차창으로 푸른 바람이 들어오고 그 바람에 흘러내린 머리칼을 쓸어 올린다.

지중해 바다 빛을 닮은 푸른 전차, 뜨람비아 블라우Tramvia Blau. 원래 이 전차의 색깔은 초록색이었다. 인명 사고가 있은 후 당국의 권유에 따라 푸른색으로 바꾼 것이다. 초록색은 숲의 초록과 혼동될 우려가 있다고 생각한 것이다. 아무래도 초록 전차보다는 푸른 전차가 잘 어울리는 것 같다. 낭만적이기도 하고.

뜨람비아 블라우는 1901년 10월 29일에 개통되어 바르셀로나 서쪽의 산자락이 시작되는 곳에서 띠비다보Tibidabo행 푸니쿨라 종점이 있는 곳까지 1,276m 구간을 시속 10km의 속도로 운행하는 전차다. 1971년에 바르셀로나의 전차들이 다 없어졌지만 뜨람비아 블라우는 유일하게 살아남았다. 오래된 것에 대한 향수, 낭만, 그리고 관광상품으로서의 가치를 고려한 결정이었을 것이다.

전차는 알 수 없는 낭만을 주고 따듯한 추억을 되살려준다. 언젠가 영화에서 보았던 샌프란시스코의 전차들. 그 영화의 줄거리와 장면들은 사라졌지만 샌프란시스코의 전차는 남아있다. 십 년 전 가족과 함께 한 리스본 여행, 다른 것은 기억 속에서 사라졌지만 리스본 골목골목을 달리던 전차는 잊혀지지 않는다. 전차의 종소리와 함께 차창으로 보았던 그곳 사람들의 삶의 모습이 아직도 선명하기만 하다. 고향 부산에서의 유년의 기억에서도 다른 것은 다 사라졌지만 전찻길과 전차에 대한 추억은 아직도 비교적 선명하게 남아있는 것을 보면 나에게 전차의 이미지는 아주 강렬한 것 같다.

전차 여행은 느려서 좋다. 아무리 바쁜 일정의 여행이라도 전차만 타면 느긋해진다. 느리게 달리는 전차에서 바라보는 거리 풍경은 인간적이다. 손을 잡고 걸어가는 연인들의 행복한 표정을 놓치지 않고 볼 수 있고 자전거를 타고 언덕길을 올라가는 사람들의 땀방울과 일그러진 표정도 볼 수 있다. 가끔씩 댕댕거리는 종소리는 낭만감을 더해준다. 전차를 타고 가는 사람들이나 길에서 전차를 보는 사람들이나 그 소리에 기분이 좋아진다.

십 분이나 올라왔을까? 끼익, 하는 소리와 함께 전차가 멈춘다. 띠비다보로 올라가는 푸니쿨라 종점이 있는 곳이며, 아래쪽으로 바르셀로나 시내와 멀리 지중해까지 한눈에 내려다보이는 곳이다. 시원한 바람을 맞으며 굽이져 오르는 길을 따라 앞으로 난 길을 따라 뒤쪽까지 돌아가 본다. 숲이 우거진 산 아래로 좋아 보이는 주택들이 늘어서 있다. 집집마다 수영장이 딸려있고 공간이 널찍널찍한 것으로 봐서 부자들이 사는 것 같다. 그 사이에도 내 옆으로 자전거를 탄 사람, 뛰는 사람들이 숨을 헐떡이며 계속 올라가고 있다.

전차 종점 앞 광장에는 전망이 좋은 까페떼리아 미라 블라우**Mirablau**가 있다. 굳이 번역을 하자면 '푸른 전망대' 쯤 되겠다. 시원한 생맥주 한 잔에 2.8유로이고 커피 한잔에 1.9유로다. 시내에서는 커피 한잔에 1.5유로 정도 하니까 바르셀로나를 내려다보는 경치 값이 50센트쯤 하는 셈이다. 광장 뒤의 성처럼 보이는 커다란 건물은 또레 아르누스**Torre Arnus**라는 건물인데 1903년 당시 금융가이자 바르셀로나 전기회사 사장이었던 마넬 아르누스가 엔릭 사그니에르라는 건축가에게 의뢰해서 지은 집이다.

푸른 전차가 다니는 이 지역은 사리아-산 제르바시**Saria-Sant Gervasi**라는 곳으로 전형적인 바르셀로나의 고지대다. 바르셀로나에 통합되기 전에는 바르셀로나 인근의, 일종의 전원 주거단지였으며 주로 부유한 상공인, 교수, 예술가 등이 많이 거주했다. 19세기 말부터는 가톨릭을 비롯한 각 종교기관이 많이 이주해 왔으며 그들이 세운 학교들 역시 많이 문을 열었다.

예전에도 이 지역은 부유층들이 거주하였고 현재도 바르셀로나에서 가장 주거환경이 좋은 곳으로 손꼽힌다. 집들은 널찍널찍하고 시내의 붙어있는 집들과 달리 일정 거리를 유지하고 있어 쾌적한 느낌을 준다. 더구나 높은 지대에 있어 햇살도 더 잘 들고 항상 바람이 불어 공기도 좋다.

바르셀로나에서 일주일 이상 지내는 여행객에게는 바르셀로나 시내와는 또 다른 분위기를 가진 이곳을 방문해보기를 권한다. 올라갈 때는 푸른 전차를 타고 내려올 때는 걷는 것도 좋다. 걸어 내려오면서 가우디의 건물 중 하나인 베예스 구아르다**Belles Guarda**와 산따 떼레사 수녀원**Colegio Teresiano**도 구경하고 사리아**Sarria** 마을의 느릿한 옛 모습을 구경하는 것도 의미가 있을 것이다.

클럽 이상의 클럽, FC바르셀로나

엘 끌라씨꼬El Clasico. 스페인 축구리그인 쁘리메라Primera 리그에서 영원한 라이벌 FC바르셀로나와 레알마드리드가 붙는 게임을 말한다. 경기 며칠 전부터 스포츠 신문에 엘 끌라씨꼬에 대한 기사가 나오기 시작한다. 방송에서는 FC바르셀로나에 대한 여러 가지 뒷이야기를 쏟아내고 레알마드리드에 대한 분석을 쏟아내기 시작한다. 가볍게 술을 마시는 자리에서나 식사자리에서의 대화의 주제는 축구다. 정치도 경제도, 그 어떤 심각한 주제들도 대화에서 사라진다. 사람들의 심장은 한낮의 뜨거운 태양처럼 부글부글 끓어오른다. 표를 구한 사람들은 표를 구한 사람대로, 표를 구하지 못한 사람들은 바르Bar에서 혹은 누구의 집에 모여서 함께 응원을 하는 것이 기본이다. 혹시 이날 혼자서 티브이로 경기를 보게 된다면 대인관계에 문제가 있는 것으로 생각해도 좋다.

경기가 있는 날에도 적어도 낮까지는 큰 변화가 없다. 사람들의 걸음걸이가 약간 빨라진다는 것 정도가 변화라면 변화랄까. 그러나 오후가 되면 사람들이 서서히 달아오르기 시작한다. 지나가는 차량들이 경적을 울리기도 하고 이에 맞춰 행인들은 박수를 친다. 원정팀인 마드리드 응원단들은 처음에는 소규모로, 그러다가 눈사람처럼 점점 규모가 커져 노래를 부르며 거리를 행진한다. 시위진압 경찰들은 경기장 주변과 시내 곳곳에 이미 깔려있지만 그들이 특별히 해야 할 일은 없다. 라이벌 관계인 것은 맞지만 표면적으로는 충돌이나 상대에 대한 야유 같은 것은 없다.

저녁에 수업이 있는 학생들은 경기 시작 전까지 약속장소에 가려는 구실을 이미 다 만들어두었다. 교수들도 그렇긴 마찬가지다. 마지못한 듯 단축수업을 한다고 발표를 하면 학생들은 기다렸다는 듯이 박수를 치며 환호한다. 람블라스 거리 등 시내 중심가와 축구장 가는 길에 있는 바르 앞 테라스에는 이미 빈 맥주병이 즐비하다. 내려쬐는 태양은 맥주 마신 얼굴을 더욱 붉게 만든다. 축구장 주변에는 노점상들이 걸어둔 깃발과 유니폼, 응원도구들이 만장처럼 바람에 펄럭인다.

지나가는 차들이 울리는 경적소리가 점점 요란해진다. 사람들은 며칠 전부터 자기 집 발코니에 노란 바탕에 빨강의 줄이 쳐진 까딸루냐 깃발을 걸어두고 있다. 경기시간이 다가오면 슈퍼에는 먹을 것을 사는 사람들로 줄이 길게 늘어선다. 부지런한 사람들은 맥주와 피자 같은 것을 이미 준비해두었을 것이다. 택시와 버스의 라디오에서는 이미 감독과 선수에 대한 인터뷰가 나온다. 말은 안하지만 사람들은 감독과 선수들 보다 먼저 작전구상을 다 끝내두고 있다. 경기장 앞에서는 암표상들이 좋은 자리의 표가 있다며 호객을 한다. 경기 시작 전까지는 보통 삼백유로 정도하며, 인터넷을 통해 암표를 구한 사람들도 있다.

경기 시간이 다가오자 구만 명이 입장하는 스타디움이 점점이 채워진다. 서포터즈는 이미 자리를 잡았고 큰 깃발을 흔들고 북을 치면서 응원을 하고 있다. 눈이 시리도록 푸른 잔디에 하얀 라인이 선명하다. 선수들이 몸을 푸는 동안에도 그들의 몸짓하나에도 함성이 끊이지 않는다. 마침내 바르셀로나 응원가가 크게 울려 퍼지고 선수들이 소개되기 시작한다. 사람들의 함성으로 경기장 전체가 끓어오른다. 그것은 집에서도 바르에서도 택시에서도 마찬가지다. 세상에서 가장 아름다운 축구를 하는 두 팀의 대결은 언제나 불꽃이 튄다.

바르셀로나가 이긴다면 열성 팬들은 여기저기서 폭죽을 쏘면서 거리를 행진할 것이다. 지나가는 차들은 경적을 울려댈 것이고 바르에 모인 사람들은 오늘 경기에 대한 분석과 앞으로의 전망에 대한 나름의 생각들을 쏟아낼 것이다. 젊은이들은 람블라스 거리 초입의 까날레따스 수도 주변에 모여들어 승리의 기분을 오랫동안 즐길 것이다. 철없는 아이들은 좀 거칠기는 하지만 크게 폭력적이지는 않다. 이겼거나 졌거나 내일 아침 신문은 축구기사로 도배가 될 것이다.

바르셀로나를 수도로 하는 까딸루냐 지방은 전통적으로 지역주의 성향이 강해 마드리드 중심의 중앙집권에 반대하였다. 1640년대의 세가도레스 전쟁, 1701년대의 왕위계승전쟁에서 마드리드를 중심으로 하는 중앙정권에 패한 후 철저한 보복을 당한다. 또한 1930년대의 스페인 내전에서도 마드리드를 중심으로 하는 프랑코군에 반대하다가 응징을 당한다. 이런 배경 때문에 바르셀로나와 마드리드는 한일관계 이상의 경쟁관계이고 축구경기를 통해 표출되는 것이다.

'클럽 이상의 클럽mas que un club'을 슬로건으로 내걸고 있는 FC바르셀로나는 1899년에 창단되었으며 중앙정부로부터의 핍박과 소외에 대한 저항 및 까딸루냐의 정체성을 표출하는 중요한 수단이 되어왔다. 클럽의 회원이 되는 것은 자신이 까딸루냐인이라는 자부심과 긍지의 표현이며, 그 긍지와 자부심은 대를 이어 전달된다. 축구장 수용인원은 12만 명으로 유럽에서 가장 큰 규모이나 안전을 위해 9만9천 명까지만 입장시킨다. 축구장 이름은 '새로운 들판'이라는 뜻의 깜노우 Camp Nou인데 공식적인 이름을 정하는 데 의견이 일치되지 않아 그냥 별칭이 공식 명칭이 되었다. 바르셀로나 관광명소 중 사그라다 파밀리아 다음으로 많이 찾는 곳이라고 하며, 비시즌에는 유명 그룹의 콘서트 공연장으로도 활용된다.

FC바르셀로나는 남녀노소를 불문하고 까딸루냐 사람들에게 클럽 이상의 클럽의 의미를 준다. 해외 유명선수를 많은 돈을 주고 데려오기보다는 미래의 가능성을 보고 데려오거나 어려서부터 육성하는 경우가 대부분이다. 현재 팀의 주축으로 뛰고 있는 차비나 이니에스따, 뿌욜 같은 선수는 까딸루냐 출신이고, FC바르셀로나에서만 뛰고 있고 아르헨티나 출신 메시 역시 어려서부터 바르셀로나에서 훈련을 받았다. 현 감독인 구아르디올라 또한 바르샤에서 선수 생활을 한 까딸루냐 출신이다. 레알마드리드가 유명선수를 위주로 한 모래알 축구라면 바르셀로나는 팀워크를 중요시하는 팀 축구를 한다는 것이 가장 큰 차이다.

barcelona

FC바르셀로나 경기장은 레스 꼬르츠
Les Corts 지역의 조용한 주택가에 있다.
12만 명까지 들어가는 큰 경기장이지만
경기가 끝나면 30분 안에 다 빠져나가고
조용해진다.

달콤한 산책, 바르셀로나 미술관

 어둡고 침침한 좁은 골목길을 굽이굽이 돌아 모여든 바람과 세상의 모든 빛들이 하얀 마분지처럼 차곡차곡 쌓이는 광장이 있다. 그렇게 쌓인 빛은 하얀 석고보드처럼 딱딱한 건물에서 산란되어 좁고 어두운 골목에 익숙해진 눈을 찡그려야할 정도로 눈을 부시게 한다.

조용함과 시끄러움이 공존하는 광장. 태양아래 무방비 상태로 누워 일광욕을 하는 북유럽 쪽 관광객들이 조용함이라면 몇 가지 반복된 동작으로만 하루를 보내는 보드 타는 아이들이 내는 소리와, 들어보면 정말 사소한 주제를 가지고 마치 세상이 뒤집어지는 일이 일어난 것처럼 떠들어대는 부랑아들의 소음은 시끄러움이다.

1995년 바르셀로나 시에서는 가난과 잦은 범죄로 인해 바르셀로나의 변방으로 취급되던 라발지구를 재개발 한다. 그 결과 어둠과 그늘에서만 살던 라발지구 젊은이들과 부랑아들이 밝은 광장으로 나오게 되고 라발의 구석구석까지 신선한 공기와 빛을 운반해주는 매개가 되었다.

현대미술관MACBA 앞 광장은 라발지구 재개발 성공의 정점에 있지만 이것이 이전의 모든 '나쁜 것'을 완전하게 해소했다는 것을 의미하지는 않는다. 지금도 술 취한 부랑아들이 농약병 같은 맥주로 병나발을 불다가 광장 한쪽 귀퉁이에서 마구 오줌을 누는가 하면, 가능한 모든 곳에 피어싱을 한 아이들이 커다란 개와 함께 누워있는 곳이기도 하다. 차이가 있다면 이제 더 이상 그들만의 닫힌 공간이 아니라 모두에게 열린 공간이 되었다는 것이다. 부랑아들이 노는 바로 옆에서 관광객들이 한가하게 일광욕을 한다. 같은 공간과 시간에 이렇게 다양한 종류의 사람들이 아무 문제없이 같이 지낼 수 있다는 것이 신기하기만 하다.

그런 면에서 바르셀로나 현대미술관 프로젝트는 도시 재개발의 성공모델이다. 여기서는 모든 것이 열려있다. 흔히 우리가 생각하는 도시 재개발은 낡은 것을 없애거나 감추고 새것으로 치장하는 것을 말한다. 그러나 이곳 바르셀로나 현대미술관 근처의 재개발은 그렇지 않다. 여기서는 개발된 것과 개발되지 않은 것에 대한 경계가 없다. 여기서는 재개발 전의 낙후된 모습과 재개발 후의 현대적인 모습이 같은 시야에 있다. 낡고 더럽고 침침한 것들을 굳이 감추려하지 않는다. 아이러니하게 그것이 이곳을 더 운치 있게 만든다.

낙후된 도심 한복판을 어떻게 변화시킬지에 대해 서울을 비롯한 오래된 도시들의 공통적인 문제에 대한 답을 여기에서 찾을 수 있다. 보기 싫은 것을 시야에서 사라지게 하는 것이 재개발이 아니라 그들만의 닫힌 공간을 외부와 소통하게 하는 것이 진정한 의미의 재개발이 아닐까.

바르셀로나 현대미술관에서는 어쩌면 미술작품에 대한 감상보다는 미국 건축가 리차드 마이어**Richard Meier's**가 만든 건물과 그 주변 환경을 보는 것이 더 좋을 수 있다. 마이어는 1984년에 건축계의 노벨상이라고 할 수 있는 Pritzker상을 수상한 건축가로 그의 건축의 특징은 '모든 공간에 자연광을 끌어들이는 것'으로 요약된다. 현대미술관 역시 예외는 아니다. 하얀색을 선호하는 그의 건축 성향이 그대로 반영되어 온통 흰색의 현대미술관 건물은 빛을 가장 잘 반사하는 동시에 시간의 흐름에 따라 반사된 빛의 톤이 시시각각으로 달라진다.

전시되는 작품들은 주로 까딸루냐 출신 예술가들의 현대 작품이 주를 이루는데 일반인이 감상하기에 어려운 편이다. 전시되는 작품들은 일정 주기로 바뀌므로 언제 가느냐에 따라서 보는 것이 다를 수 있다.

편안한 마당 현대문화센터CCCB 이곳에 오면 햇볕 내리쬐는 사막을 걷다가 시원한 오아시스로 들어온 듯한 기분이 든다. 네 면이 높은 건물로 둘러싸인 마당은 언제나 서늘한 공기로 가득하다. 그 마당 한쪽에 마련되어 있는 대리석으로 된 긴 의자에 앉아 유리로 된 맞은편 벽면을 쳐다본다. 대리석의 차가움과 그늘의 서늘함은 바르셀로나 같은 들뜸의 도시를 걸어온 사람을 차분하게 만든다. 조금 전에 지나온 현대미술관 앞 광장이 눈부신 빛의 시간이었다면 이곳은 깊은 산속 암자에서나 느낄 수 있는 관조觀照의 시간이다.

한쪽 벽면의 유리는 잠망경처럼 경사져 있어 윗면으로 건물 너머 지중해와 그 위의 하늘까지 반사되어 보인다. 이곳에서 또 한번 바르셀로나 사람들의 창의성에 감탄한다. 평소에는 조용한 마당이지만 가끔씩 근처에 사는 필리핀 아이들이 모여 기타를 치며 놀기도 하고 여름밤에는 재즈콘서트가 열리기도 한다. 현대문화센터CCCB에는 3개의 전시공간이 있다. 영화, 콘서트, 사진전 등의 행사가 열리는데 비정기적으로 행사 내용이 바뀐다. 주제는 전시관이 라발에 있는 것에 걸맞게 이민자들의 문제, 제3세계 소외된 자들의 이야기 등과 같은 내용을 주로 다룬다. 다시 책 한 권을 꺼내든다. 책을 읽는 삼십 분 동안은 시간이 멈춰버린다. 소리들은 아득히 먼 곳에서 아련히 들리고 가슴엔 분홍빛 노을이 진다.

몬주익의 보석, 미로 미술관 녹음이 우거진 몬주익 중턱에 어찌 보면 등대 같고 어찌 보면 연구소 같고 또 어찌 보면 정신병동 같은 하얀 건물의 미로 미술관이 있다. 피카소, 달리와 더불어 바르셀로나를 대표하는 미로의 작품들을 상설 전시하는 미술관이다. 미술관 주변 몬주익의 초록은 미로 미술관의 하얀 건물을 더 하얗게 만든다. 그나마 입구에 써진 원색의 글씨와 고추 달린 ET 등과 같은 재미있는 구조물이 미술관임을 눈치 채게 해준다.

미로 미술관은 미로의 작품들을 전시하는 상설전시장과 현대 예술가들의 작품을 기획 전시하는 비상설전시장으로 구분되어 있다. 비상설전시장에서는 음악, 사진, 영상 등 현대 예술의 모든 분야를 다룬다. 상설전시장은 거의 대부분의 공간이 미로의 작품들로 채워져 있는데, 첫 부분에는 매듭과 천 등을 활용한 큰 작품들이 전시되어 있고 이어서 미로 특유의 선과 색을 이용한, 마치 아이가 그린 낙서 같은 작품들이 좀 심오한 제목들과 함께 같이 서 있다.

미로 미술관은 외부는 물론이고 실내도 하얗다. 모든 것이 다 하얗다. 그래서 미로 특유의 빨강과 노랑과 파랑이 한층 더 선명하게 부각되는 것 같다. 건물은 외부가 내부에 들어와 있고, 내부가 외부로 나가있는 것처럼 되어 있어 전체적으로 한층 풍요롭게 느껴지며 커다란 창으로 들어오는 자연광이 전시장 내 모든 공간을 따뜻하게 해준다.

전시된 순서를 따라가면 초기 파스텔 톤의 정통회화에서 시작하여 초현실주의로 발전해 나가는 과정을 볼 수 있다. 중간에 스페인 내전의 공포를 담은 그림들이 있기도 하나 전체적으로는 밝은 느낌을 주는 작품들이 대부분이다. 군데군데 미로의 사진들도 있는데 피카소의 형형한 눈빛과 달리 인자한 할아버지 눈빛을 가지고 있는, 동네 어디서나 볼 수 있는 얼굴이라 더 정겹다.

대가의 유년, 피카소 미술관 미로 미술관이 현대적이라면 피카소 미술관은 중세적이다. 12세기에 번성했던 중세 골목 몬따까다**Montacada** 골목에 자리한 중세의 저택들을 개조하여 만든 미술관이라서 그럴 것이다. 그 당시 저택들의 특징은 우물이 있는 작은 마당이 있고, 마당 한쪽에 이층으로 향하는 실외 계단이 있는 데 그곳을 통해 거실 등이 있는 메인 공간으로 들어가게 되어있다. 피카소 미술관 역시 마당으로 난 계단을 통해 이층의 미술관으로 들어가게 되어있다.

피카소 미술관의 특징은 피카소의 작품들이 연대별로 일목요연하게 잘 정리되어 있다는 것이다. 스페인 남부 말라가에서 태어난 피카소가 북부 라 꼬루냐**La Coruña**를 거쳐 바르셀로나에 온 것은 열네 살 무렵**1895년**이었다. 그 무렵에 그렸던 손바닥만 한 소품들은 대가의 작품이라고 믿기 힘들 정도로 소박하다. 주제는 바르셀로나 해변 풍경, 각종 소묘와 스케치 등 이후 큐비즘의 대표적인 화가가 되리라는 것을 믿지 못할 정도로 정통적인 회화를 주로 그렸다.

1895년에 그린 '모자 쓴 남자', 1896년에 그린 '어머니의 초상화와 첫 영성체', '뻬빠 숙모', 1897년에 그린 '과학과 자비' 등에서 보여준 그림에 대한 이해 및 기술은 이미 일정 경지를 넘어선 것으로 평가된다. 1899년 무렵 고딕지구 한쪽에 있던 술집 4GATS에 출입하면서 초상화를 많이 그렸는데 과감한 생략, 살아있는 눈빛 등에서 대가의 분위기가 엿보이고 서서히 관능적인 그림도 그리기 시작한다.

　1901년 처음 파리를 여행한 후 피카소의 화풍은 많은 변화를 가져온다. 특히 1901년에서 1903년 사이, 이른바 청색시대라 불리는 시기에는 그림 전체에 음울한 푸른빛이 주조를 이루고 있다. 이 시기의 그림들을 모아둔 방에 들어가면 온 방안에 선연한 푸른빛이 가득함을 느낄 수 있다. 그 선연함이 냉장고에 들어온 것 같기도 하고 암실에 들어온 것 같기도 하다. 바르셀로나 피카소 미술관에는 게르니카 같은 대작은 없지만 유년기와 청년기의 초기작품 위주로 전시되어 있으며, 특히 벨라스케스의 '시녀들'을 패러디한 연작시리즈가 유명하다. 시녀들 연작을 모아둔 방에 들어가 중앙의 편안한 의자에 앉아 그림들을 쳐다보고 있으면 동심으로 돌아간 느낌을 준다.

　미술관을 관람하는 것은 생각보다 힘들다. 밀폐된 공간에서 수많은 그림들을 본다는 것이 정신적으로나 육체적으로 쉽지 않다. 그러나 위에서 말한 네 곳의 미술관 또는 전시장을 보는데 한 곳당 한 시간 정도 걸려 부담스럽지 않다. 루브르 박물관, 프라도 미술관과 같은 큰 규모가 아니고 대단한 분석을 필요로 하는 작품이 있는 것도 아니다. 미술에 대한 문외한이라 하더라도 가벼운 마음으로 즐길 수 있는 곳이다. 게다가 25유로짜리 아트 티켓 한 장이면 다 볼 수 있으니 얼마나 좋은가.

　아울러 아트 티켓으로 까사 밀라와 까딸루냐 국립미술관까지도 볼 수 있으니 까사 밀라를 포함하여 최소한 두 곳 이상 볼 사람들은 무조건 아트티켓을 사는 것이 좋다. 왜냐하면 각각 입장해도 10유로 이상이고, 아트 티켓의 경우 한 번만 사면 이후에는 표를 사기 위해 줄을 서지 않아도 되기 때문이다.

barcelona

barcelona

현대미술관(MACBA) 앞 광장은 모두에게
열린 공간이다. 부랑아들이 노는 바로 옆에서
관광객들이 한가하게 일광욕을 한다.
같은 공간과 시간에 이렇게 다양한 사람들이
같이 지낼 수 있다는 것이 신기하기만하다.

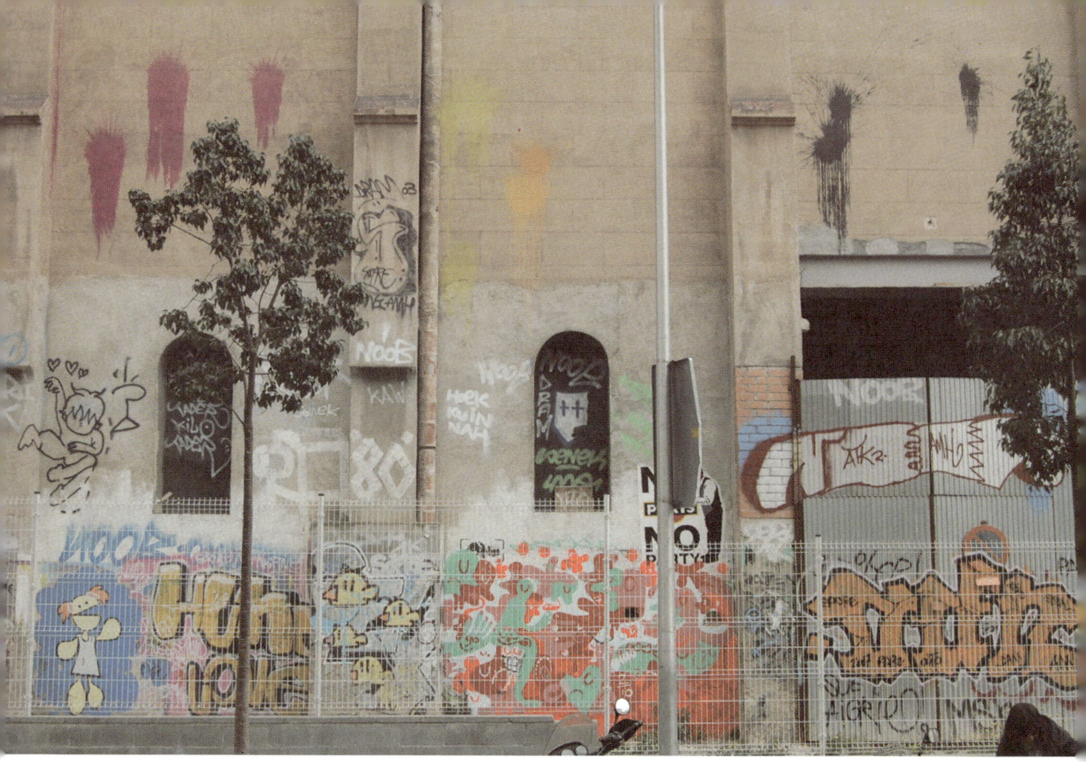

59   barcelona

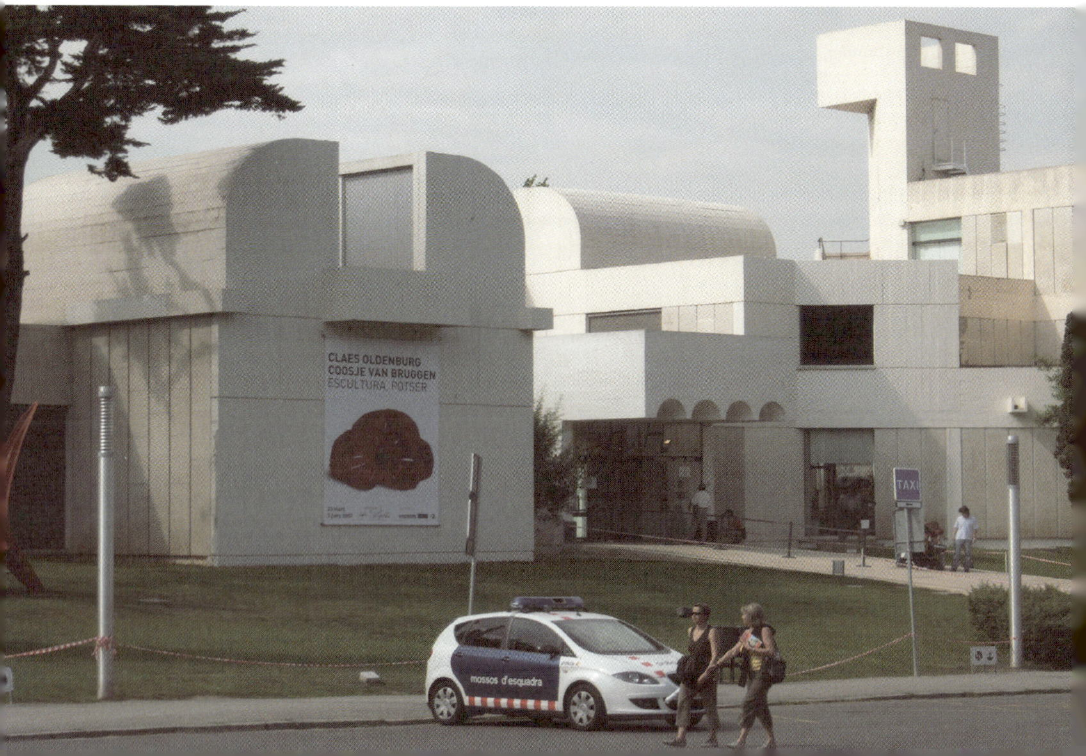

낙서를 마구해댄 버려진 벽이 있고
허물어져 가는 벽이 있다. 그리고 그곳에서
10미터 거리에 미술관이 있다.

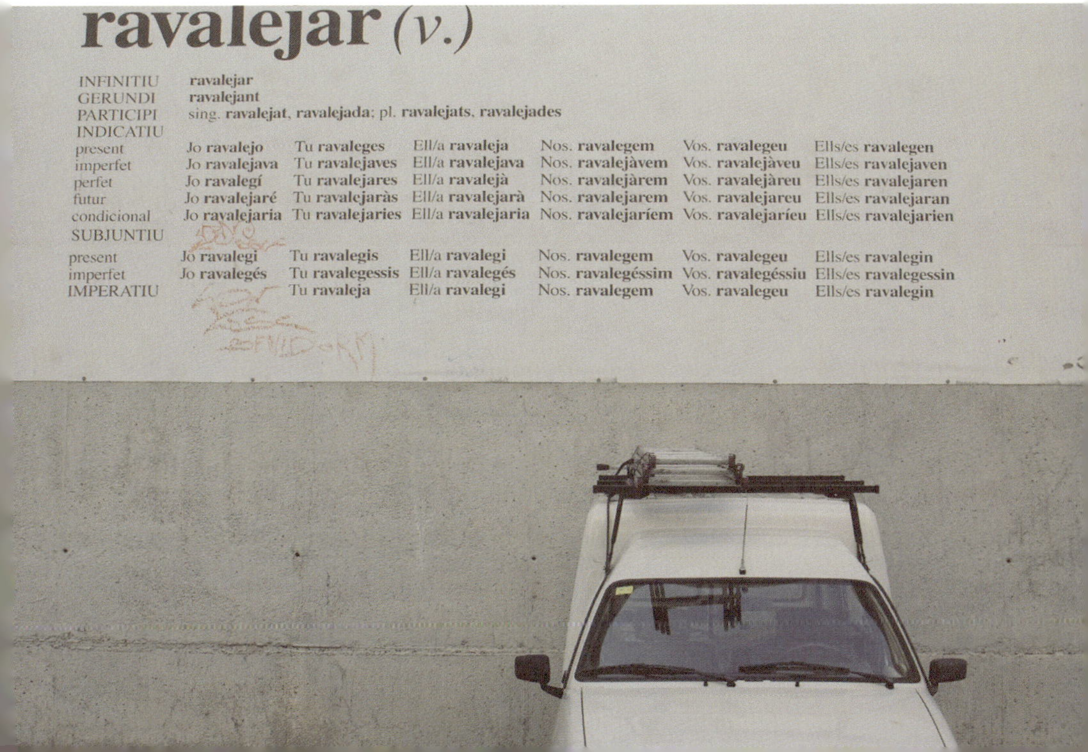

ravalejar *(v.)*

INFINITIU	ravalejar				
GERUNDI	ravalejant				
PARTICIPI	sing. ravalejat, ravalejada; pl. ravalejats, ravalejades				
INDICATIU					
present	Jo ravalejo	Tu ravaleges	Ell/a ravaleja	Nos. ravalegem	Vos. ravalegeu	Ells/es ravalegen
imperfet	Jo ravalejava	Tu ravalejaves	Ell/a ravalejava	Nos. ravalejàvem	Vos. ravalejàveu	Ells/es ravalejaven
perfet	Jo ravalegí	Tu ravalejares	Ell/a ravalejà	Nos. ravalejàrem	Vos. ravalejàreu	Ells/es ravalejaren
futur	Jo ravalejaré	Tu ravalejaràs	Ell/a ravalejarà	Nos. ravalejarem	Vos. ravalejareu	Ells/es ravalejaran
condicional	Jo ravalejaria	Tu ravalejaries	Ell/a ravalejaria	Nos. ravalejaríem	Vos. ravalejaríeu	Ells/es ravalejarien
SUBJUNTIU					
present	Jo ravalegi	Tu ravalegis	Ell/a ravalegi	Nos. ravalegem	Vos. ravalegeu	Ells/es ravalegin
imperfet	Jo ravalegés	Tu ravalegessis	Ell/a ravalegés	Nos. ravalegéssim	Vos. ravalegéssiu	Ells/es ravalegessin
IMPERATIU		Tu ravaleja	Ell/a ravalegi	Nos. ravalegem	Vos. ravalegeu	Ells/es ravalegin

세기를 뛰어넘는 건축가, 가우디

세기를 뛰어넘는 건축가, 가우디

구웰 공원, 실패한 타운하우스에서 가장 로맨틱한 곳으로

바르셀로나를 이야기하다보면 '구웰Güell'이라는 이름이 자주 나온다. 그리고 뒤엔 항상 가우디가 따라 나온다. 구웰은 스페인이 아메리카 신대륙을 발견한 후 등장한 신흥갑부 2세였다. 신사, 댄디, 예술가 등 그를 설명하는 수식어에서 보듯이 구웰은 부자이기보다는 예술을 사랑하고 까딸루냐 민족주의에 대한 신념을 가진 정치인으로 보이기를 원했다. 1888년 바르셀로나 박람회를 유치하는데 적극적이었고, 미생물잡지에 논문을 싣기도 한 과학자였으며, 재능 있는 화가인 동시에 연극, 시, 오페라 등을 후원하는 열렬한 후원자였다.

가우디와 구웰은 삼십 년이 넘는 세월 동안 예술, 건축, 그리고 까딸루냐의 정체성에 대해서 같은 생각을 가진 지적 동반자였다. 구웰은 가우디 건축에 대한 열렬한 후원자였으며 1883년 9월에는 가우디를 가문의 건축가로 지정하기에 이른다. 이후 구웰이 죽을 때까지 약 35년 동안 가우디는 구웰 가문에 필요한 거의 모든 건축을 도맡아했다. 옥상 빨래대, 장식용 분수 등 생활과 관련된 소소한 것들로부터 저택, 가문의 성당, 공원 등 대규모 작업까지 가우디에게 맡겼다.

1898년 쿠바의 독립 이후 스페인, 특히 까딸루냐는 심각한 경제위기를 겪게 된다. 섬유 등 산업을 기반으로 성공한 부자들은 산업이 어려워지자 다른 투자처를 찾게 되었고 부동산 투자는 그중 한 방법이었다. 섬유업자였던 구웰 역시 마찬가지였다. 구웰은 1899년 바르셀로나 서쪽에 있던 벌거숭이산의 일부를 매입하여 바르셀로나의 부자들을 위한 고급 주거단지를 만드는 계획을 세웠다. 15헥타르에 달하는 민둥산 부지에 길과 운동장 등 공용시설과 40~60필지의 대지를 조성한 후 부자들에게 판매하고 부지를 매입한 이들은 자신의 스타일에 맞는 건축가에게 건축을 의뢰하는 방식으로, 한국에서 유행한 적이 있는 전원주택단지 분양과 비슷한 형태였다.

구웰과 가우디는 이 주거단지를 구웰 공원으로 이름 지었다. 스페인 사람들은 영어식 이름을 잘 사용하지 않는 경향이 있는데, 스페인식 이름인 빠르께 구웰이나 빠르끄 구웰로 짓지 않고 '구웰 파크'로 지은 것은 다분히 영국식 주거단지를 염두에 둔 때문이었다. 주거단지는 지중해가 내려다보이는 바르셀로나 뒤쪽 고지대에 위치하여 일반인들의 거주지로부터 떨어져 있었다. 그리고 주위에 높은 담장을 쌓아 정해진 문이 아니면 출입할 수 없게 하였다. 들어설 모든 주택은 지중해 쪽 전망을 볼 수 있고, 또 뒷집의 전망을 방해하지 않는 범위 내에서 지어져야 했다. 그리고 가게나 술집 같은, 이윤을 목적으로 한 어떤 상업적 시설도 들어오지 못하도록 하였다.

섬 같은 곳, 유토피아 같은 곳, 산업지구에서 멀리 떨어진 에덴동산 같은 곳. 구웰 공원은 한마디로 바르셀로나 엘리트와 상류층을 겨냥한 영국식 고급 주거단지를 지향했다. 한 가구당 한 필지 또는 두 필지에 걸쳐 집을 짓게 하여 총 40~60가구의 가정이 이 주거단지에서 공동체적인 삶을 살게 하는 것이었다.

당시 부유층 한 가구당 가족 구성원은 약 십여 명 정도 되었다고 한다. 따라서 40~60가구면 약 400~600명의 주민이 살게 되는 것이다. 따라서 구웰 공원을 약 400~600명의 구성원이 사는 공간이라고 생각하면 쉽게 이해할 수 있다. 물론 그들을 위한 운동장과 시장, 물 저장고 등이 필요했을 것이다.

그러나 구웰의 계획은 결국 실패로 끝난다. 1914년 모든 공용시설은 다 완공되었으나 팔린 필지는 두 필지에 불과했다. 실패의 원인은 분명하다. 당시 바르셀로나 부자들이 들어와 살기에는 너무 고지대라 교통이 불편했다. 이와 함께 사업의 추진 동력이었던 구웰마저 죽자 프로젝트는 표류하게 되고 관리에 어려움을 겪던 구웰의 후손은 시청에 팔게 된다. 시청은 이를 공원으로 만들어 개방하여 오늘에 이른 것이다.

구웰 공원은 발랄하다. 강렬하게 내려쬐는 태양 아래 거침없는 곡선과 천진난만한 색깔을 이용해 만든 돌 벤치, 그리고 이국적인 풍광을 자아내는 나무들과 길, 테마공원에나 있을 듯한 예쁜 모양의 집과 도마뱀 모양의 돌 조각들, 로마신전을 연상시키는 시장광장 등 모든 것이 독특하다. 그곳에서 사람들은 한국인을 비롯한 동

 마치 한조각의 햇살이라도 더 받아들이려는 듯 장렬하게 일광욕을 즐긴다. 산들거리며 불어오는 지중해 냄새를 머금은 바람은 싱그럽기 그지없다.

실력 있는 거리음악가들이 운동장 한복판에서 레게, 살사 등 리듬감 있는 음악을 연주하는가 하면 울림이 좋은 광장이나 길모퉁이에서는 플라멩꼬 기타나 바이올린, 첼로로 감미로운 음악을 연주하고 있다. 시내 쪽으로 내려다보면 오른쪽 끝에 몬주익 동산이 보이고 왼쪽으로는 한참 짓고 있는 사그라다 파밀리아의 옥수수 탑들이 보인다. 도시가 끝나는 곳에는 코발트빛 지중해가 보이고 그 부근에 새로 생긴 반달모양의 W호텔도 보인다.

구웰 공원은 연인과 함께 가는 것이 가장 좋다. 특히 한낮보다는 햇살이 약간 수그러드는 늦은 오후가 더 운치 있다. 굽이진 오솔길에서 나누는 대화는 사랑을 더 깊어지게 만들 것이다. 야자수가 심어져 있는 야자수 길을 걷다가 만나게 되는 동굴카페테리아 앞 테라스에서 마시는 생맥주 맛은 어쩌면 평생 잊지 못할 수도 있다. 돌 벤치에 팔베개를 하고 누운 채 비스듬히 내려쬐는 햇살에 실눈을 감고 올려다보는 사랑하는 사람의 눈동자, 새소리, 싱그러운 바람, 지중해 맑은 바다, 그리고 구웰 공원. 구웰 공원은 바르셀로나에서 가장 로맨틱한 장소 중 하나다.

앞에서도 말했듯이 구웰 공원은 바르셀로나 서쪽 끝 산중턱에 있다. 구웰 공원에 가려면 지하철, 버스, 그리고 택시를 이용해야 하는데 버스 또는 택시로 가는 것을 추천한다. 지하철로 가는 경우 레쎕스**Leseps**역이나 발까르까**Valcarca**역에서 내리게 되는데 약 30분 가량 언덕길을 걸어가야 한다. 여름에는, 특히 아이들을 데리고 갈 경우 고통스러울 수 있다. 바르셀로나를 여행하면서 부부싸움을 하는 곳이 두 곳 있는데 그중 하나가 구웰 공원이다. 지하철을 이용해서 가는 경우에 말이다.

     barcelona

구웰 공원은 천진난만하다. 운동장도
계단도 벤치도 그곳을 비추는 태양도.
그래서 구웰 공원을 찾는 사람들 역시
동심으로 돌아간다.

까사 밀라, 가우디의 자서전같은 건물

바르셀로나에서 가장 화려한 거리인 그라씨아 거리 한복판에 돌로 만든 집이 있다. 저녁 해가 스러져갈 무렵, 길 건너편 가로수에 기대어 서서 이 건물을 바라본다. 투구를 쓴 거인 같기도 하고 백사장에 밀려오는 파도 같기도 하고 바람에 쌓인 사막의 모래톱, 어쩌면 비와 바람에 침식된 바위산 같기도 하다. 이 건물이 가우디의 대표적인 건축물 까사 밀라**Casa Mila**로 우리말로는 '밀라 씨의 집'이다. 그 모양이 일반적인 건축물과는 달라 어떤 사람은 채석장이라 불렀고, 또 어떤 사람은 벌집 혹은 비행기 격납고라고 부르기도 하였다.

그라씨아 거리는 옛날 바르셀로나와 바르셀로나 외곽의 빌라 데 그라씨아**Vila de Gracia** 마을을 연결하는 새로 만들어진 거리로서 부자들이 자신의 건물을 이곳에 짓고 싶어했다. 1905년. 중남미와의 무역으로 성공한 실업가 중 한 사람이었던 밀라는 그라씨아 거리와 쁘로벤샤거리 모퉁이의 부지를 매입하였다. 그리고 구웰 저택, 사그라다 파밀리아와 특히 까사 바뜨요에서 보여준 가우디만의 독창적인 건축 스타일에 매료되어 가우디에게 자신만을 위한 건물의 건축을 의뢰했다. 밀라는 7층 규모의 건물을 지어 자신의 가족은 메인 층에 거주하고 나머지는 당시 바르셀로나 부자들에게 임대하는 아파트 형식의 건물을 구상한 것이다.

건축에 대한 영감을 자연, 특히 까딸루냐 자연에서 얻곤 했던 가우디는 까사 밀라에 가우디 특유의 자연주의적인 성향을 마음껏 발휘했다. 건축의 전면을 마치 지중해 백사장에 밀려오는 파도처럼 주름을 주고 발코니는 그 모래사장에 떠다니는 미역을 형상화했다. 그리고 우리 눈에는 보이지 않지만 발코니 난간에 관개시설을 갖춘 화단을 조성하여 외부에서 보면 거대한 정원을 연상하게끔 설계했다. 또 스페인 최초의 지하주차장을 설치했으며 건물 하나에 두 대의 엘리베이터를 설치하는 등 당시로는 최첨단 건물이었다. 건물주인 밀라 씨 가족은 메인 층을 전부 사용했는데, 면적이 1,300㎡에 달해 당시 큰 규모의 아파트 열채를 합한 규모로 35개의 방과 응접실 등 부대 공간으로 이루어졌다. 나머지 층은 3~4가구의 세입자들이 들어와 산 공동주택, 즉 아파트인 셈이다.

까사 밀라는 멀리서 보면 마치 거대한 하나의 유기체적인 돌덩어리처럼 보인다. 그러나 실제로는 약 4,500개의 잘라진 덩어리를 정교하게 붙인 것이다. 1:10 규모로 사전 제작된 석고모형에 따라 석공들이 돌을 조각한 후 증기 화물차로 운반하고 기중기로 들어 올려 이미 설치되어 있던 철 구조물에 붙여나갔는데, 튼튼하면서도 다루기 쉬운 몬주익 동산의 돌을 사용했다. 가우디 건축에서 직선은 찾아볼 수가 없다. 까사 밀라의 경우도 건물 외벽은 물론, 안쪽의 마당과 연결된 공간역시 철저하게 곡선이다. 심지어는 각 방의 천정까지 곡선이다. 곡선과 곡선은 유기적으로 연결되어 있으며 채광과 환기를 위한 완벽한 구조를 구현했다.

1905년. 바르셀로나에서는 가우디가 지하 주차시설을 갖춘 아파트를 짓고 있었다. 아파트는 가변벽체 시스템을 갖추고 있어 거주민들의 취향에 따라 구조를 변경할 수 있었다. 또한 의자가 있는 엘리베이터와 중앙난방 시스템과 개별 온수기까지 갖추고 있었다. 1905년에 한국에서는 무슨 일이 일어나고 있었을까. 그때한국에서는 을사조약이 일어났다.

까사 밀라는 가우디의 영적인 갈망과 육체적인 열정을 모두 쏟아 부은 자서전같은 건축물이었다. 그러나 밀라는 이러한 가우디 개인 취향의 건축 방향에 불만을 가졌으며 까사 밀라가 시민들 사이에서 '채석장'이라는 모욕적인 이름으로 불리게 되자 불만은 극에 달하게 된다. 그러나 가우디 역시 자신의 건축적 고집을 포기하지 않는다. 급기야는 잔금을 지불하지 않아 소송에까지 이르게 된다. 게다가 극성적으로 발생했던 무정부주의자들의 공격을 우려하여 옥상에 설치하고자했던 성모상을 밀라 씨의 반대로 설치할 수 없게 되자 크게 실망하고 공사에서 손을 뗀다. 까사 밀라를 마지막으로 가우디는 사적인 건축물에서 손을 떼고 남은 인생을 사그라다 파밀리아에만 매달리게 된다.

까사 밀라는 바르셀로나를 방문하는 관광객이라면 반드시 들어가야 할 곳 중하나다. 까사 밀라 관람은 크게 세 부분으로 나누어진다. 먼저 옥상 테라스이다.

barcelona

까사 밀라는 105년 전에 지어진 공동주택
(아파트)이다. 을사조약이 일어나던 해에
지어진 아파트는 지하주차장과 엘리베이터와
개별온수기까지 갖추고 있다.

재미있는 모양으로 이루어진 굴뚝과 환풍구, 오르락내리락 하는 계단들, 방향에 따라 보였다가 사라지는 바르셀로나 풍경들. 한여름 밤에는 야외콘서트가 열리는 낭만적인 공간이기도 하다. 굴뚝의 모양은 스타워즈에 나오는 투구병사들의 모습을 닮았는데 실제로 스타워즈 캐릭터들을 이곳에서 얻어갔다는 말이 있다.

그 다음엔 가우디 스페이스라고 불리는 일종의 전시공간으로 옥상 바로 아래에 위치해 있다. 원래 이곳은 옥상과 아파트를 분리하는, 일종의 완충적인 공간으로 겨울의 추위와 여름의 더위를 막기 위한 공간이었다. 벽돌을 반원형으로 쌓아올려 마치 고래 뱃속에 들어온 듯한 느낌을 준다. 가우디가 만든 대부분의 건축물들이 모형으로 전시되어 있으며 가우디가 구현한 각종 아이디어를 한눈에 볼 수 있는 곳이다. 따라서 가우디의 건축물들을 가장 쉽고 가장 편하게 볼 수 있다.

바르셀로나를 여행하는 사람들 중 "바르셀로나에 가면 가우디의 모든 건축물을 다 보고 올거야."라고 결심을 하는 경우가 있는데 이는 잘못된 생각이다. 사그라다 파밀리아, 구웰 공원, 까사 밀라, 까사 바뜨요 정도를 제외하고는 일반적인 동선에서도 떨어져 있고 설사 물어물어 찾아간다고 해도 문이 닫혀있는 등 접근이 안 되기 일쑤다.

가우디의 모든 건축물을 다 볼 수 있는 곳은 까사 밀라의 가우디 스페이스다. 가우디 스페이스 바로 아래에는 그 당시 아파트 한 채를 그 모습 그대로 보여주고 있는데 오늘날의 아파트에 비해 구조나 시설 면에서 전혀 뒤떨어지지 않는다. 1층에 위치한 기념품숍에는 가우디와 관련된 책과 영상물들을 판매한다. 기념품숍 옆의 남성복집은 당시부터 있었던 곳인데, 달리 등 유명 인사들이 출입했던 곳이다. 혹 시간이 난다면 까사 밀라 바로 옆 빈손Vinçon이라는 인테리어숍을 가보는 것도 좋겠다. 이 건물은 '4GATS'의 설립자 중 한사람인 화가 라몬 까사스의 집이기도 했다.

무너지지 않는 모래성, 사그라다 파밀리아

몇 년 전 어느 늦가을, 안개비 내리는 저녁 무렵이었다. 지하철 사그라다 파밀리아Sagrada Familia역 에스컬레이터를 통해 지상으로 올라와서 뒤로 고개를 돌리는 순간 숨이 멎는 느낌을 받았다. 생각했던 것보다 더 큰 규모 탓이었을까. 아니면 오렌지색 조명을 머금은 안개비에 싸여있는 모양이 일반적인 성당의 모양과는 달랐기 때문일까. 그것은 내가 상상해왔던 엄숙한 모양의 성당이 아니라 무너질 듯 위태롭게 서 있는 거대한 모래성 같았다. 비바람 몰아치던 어느 해 여름 오후, 멀리서 바라보던 프랑스 몽쉘미쉘 성의 느낌과 비슷했다. 처음 받았던 느낌이 강하면 그 느낌이 잘 지워지지 않는 법인가 보다. 이후 맑은 날을 포함하여 수없이 많이 그곳에 가보았지만 언제나 처음의 느낌처럼 조금은 기괴하고 음울하다. 적어도 나에게는.

이 성당에서 가장 오래된 제단 쪽 외벽과 예수님의 탄생의 과정을 묘사한 탄생의 벽 쪽은 맑은 날에도 우중충하다. 백년이 넘는 세월의 흔적이 고스란히 남아있으니 더 그럴 것이다. 밤에 조명을 받고 있는 이것을 보고 있노라면 영화에서 보았던, 안개 자욱한 날 배를 타고 다가가서 만나는 마법의 성 같은 느낌을 준다.

사그라다 파밀리아La Sagrada Familia. 영어로는 Temple of Holy Family, '성가족 성당'이다. 여기서 '성가족'은 예수님의 가정을 말하는데, 그래서 성당 조각에 등장하는 주요 인물이 예수와 그의 부모인 마리아와 요셉이다. 성당은 멀리서보면 이상한 모양의 거대한 돌덩어리처럼 보이지만 가까이서 보면 하나하나가 그 의미를 갖고 있는 수많은 디테일의 조합이다. 예수의 삶과 관련하여 성경에 나오는 대부분의 내용들이 조각으로 묘사되어 있어 흔히 '돌로 만든 바이블'이라고 부르기도 한다. 사람들은 이 건축물을 가우디 건축의 결정체라고 말하지만 내 눈에는 가우디 건축물 중 가장 균형미가 떨어지는 것으로 보인다. 그것은 아마도 가우디 사후에 여러 사람들이 이어붙이기를 해서 그런지도 모르겠다. 설계도는 불에 타 없어져버렸고 후세 사람들이 아무리 가우디의 생각과 사상을 잘 연구해서 한다고 해도 가우디가 생각했던 오리지널과는 차이가 있을 수밖에 없을 것이다.

사그라다 파밀리아는 1882년에 최초로 공사가 시작되었고 100년이 지난 지금까지도 공사는 진행 중이다. 사람들은 흔히들 '백년이 넘도록 계속 공사를 하고 있는 성당'이라고 말하지만 이는 정확한 표현은 아니다. 백년이 넘도록 계속 공사를 하고 있는 성당이라기보다는 공사를 시작한 지 백년이 넘었는데 아직도 공사가 끝나지 않았다는 표현이 더 정확할 것이다. 백년이 넘도록 계속 공사를 하였던 것은 아니고 정치적스페인 내전, 경제적건설회사 도산, 성금 모금 부진인 이유로 길게는 몇십 년 동안 공사가 중단된 기간도 있었기 때문이다.

사그라다 파밀리아에 대한 최초의 아이디어는 독실한 가톨릭 신자이자 서점 주인이었던 죠셉 마리아 보까베야Josep Maria Bocabella라는 사람에 의해 시작되었다. 까딸루냐 가톨릭협회 회장이었던 그는 1872년 로마에서 교황을 알현하고 돌아오는 길에 들렀던 이탈리아 로레또Loreto 마을의 성가족성당에 감명을 받아 바르셀로나에도 유사한 형태의 성당을 짓겠다는 결심을 하게 되었다.

그는 우선 자신의 서점 계산대 아래에 모아 두었던 돈 17만 2천 뻬쎄따현재 기준으로 약 30만 원 정도로 부지를 매입하고 이후 공사비는 신자들의 기부금으로 충당하려는 계획을 세웠다. 당시의 여러 상황을 감안해볼 때 허황된 계획은 아니었다. 1880년 바르셀로나 인근 몬세랏Montserrat에서 검은 성모 마리아 발견 1000주년 기념행사가 열리고 1881년에는 검은 성모 마리아가 까딸루냐 수호 성녀로 지정되는 등 당시 바르셀로나는 가톨릭 신앙심으로 충만하였고, 아울러 산업혁명을 능동적으로 받아들여 부를 축적한 부르주아들이 예술과 종교에 대한 후견인 역할을 하는 것이 일종의 유행처럼 되어 있었다. 즉 그 당시 바르셀로나는 영적으로나 물적으로나 사그라다 파밀리아를 건설할 여건이 갖추어져 있었다.

마침내 1882년 첫 공사를 시작하게 되는데 시작은 가우디가 아니라 프란시스꼬 델 비야르Francisco del Villar라는 건축가에 의해서였다. 그러나 비야르는 이듬해인 1883년 기술위원회와의 견해 차이로 인해 물러나게 되고 서른 한 살의, 푸른 눈을 가진 젊은 건축가 가우디가 공사를 이어 받아 1926년 전차사고로 죽게 될 때까지 약 43년의 세월 동안 그의 모든 것을 다 바친, 가우디 인생 후반의 모든 것이라고 해도 과언이 아니다.

성당은 신도시 지역인 에익샴쁠레**Eixample**의 한 블록을 차지하고 있는데 건축면적이 가로 구십 미터 세로 백십 미터로 대략 축구장 하나 크기 규모다.

대부분의 성당은 위에서 내려다보면 십자가 모양이다. 사그라다 파밀리아의 경우 위에서 보았을 때 십자가 머리 부분에 해당하는 곳이 제단이 있는 부분이고 오른쪽 팔 부분은 예수의 탄생 과정을 그린 탄생의 벽, 왼쪽 팔 부분은 죽음의 과정을 그린 죽음의 벽, 그리고 다리 부분은 부활의 과정을 그린 영광의 벽으로 이루어져 있다.

각 벽마다 네 개씩의 종탑이 놓이는데 이는 열두 제자를 상징하는 것이다. 중앙에 약 백칠십 미터의 예수를 상징하는 탑이 놓이고 그 주위로 백이십오 미터 높이의 사도제자 탑 네 개, 그리고 그 옆에 백이십 미터의 마리아 탑이 놓이는 등 총 열여덟 개의 탑으로 이루어지게 된다. 그러나 현재까지는 탄생의 벽과 죽음의 벽에 있는 여덟 개의 종탑만 완성되어 있으니 다른 열 개를 찾는 수고를 하지 말기를.

흔히 성당을 건축할 때 가장 먼저 제단이 있는 부분을 만든다. 사그라다 파밀리아에 도착하면 먼저 돌 색깔이 가장 까만 부분을 찾자. 밖에서 볼 때 삐죽한 창날 같은 탑들이 하늘을 향해 솟아있고 벽은 반원 모양으로 휘어져 있다. 하늘에서 볼 때 십자가 머리에 해당되며 안쪽에 제단이 있어 성당을 건축할 때 가장 먼저 만드는 부분이다.

하늘을 찌를 듯이 날카롭게 솟아있는 탑들은 전형적인 고딕양식임을 말해주며 벽에 매달려 있는 양서류들, 창문의 모습, 그리고 각종 구멍들은 가우디 특유의 스타일도 함께 보여주고 있다. 뱀, 카멜레온, 개구리 등 벽면에 붙어있는 양서류들의 기능적인 용도는 빗물을 배수하기 위한 것이며 그래서 주둥이가 아래로 향해있다. 종교적인 관점에서 볼 때는 마치 아래로 도망가는 듯한 형상인데 위쪽

건축과 종교. 평생을 이 두 가지만 생각하고
살아온 가우디에게 사그라다 파밀리아는
건축이면서 종교였다.

성경에 기술된 주요한 내용 대부분이
사그라다 파밀리아의 조각에 표현되어 있다.
사그라다 파밀리아를 '돌로 만든 바이블'
이라고 부르는 이유가 여기에 있다.

의 어떤 순수함을 피해 도망하는 모습을 나타내고 있다. 그 순수함은 마리아의 순수함이며 지금 도마뱀 위로 마리아 탑의 공사가 진행되고 있는 것을 볼 수 있다. 그 아래 지하에는 현재 미사를 모시고 있는 조그만 제단과, 그 제단 양쪽에 가우디와 보까베야의 납골당이 있다.

그 다음으로 돌 색깔이 까만 부분은 탄생의 벽이 있는 곳이다. 벽에는 수많은 조각들이 붙어있는데 주제는 '예수 탄생의 기쁨'이다. 최소 서른 종류의 식물들과 서른여섯 종류의 새 등 모두 수백 종의 동식물들이 조각되어 있다.

조각들을 잘 살펴보면 예수 탄생의 모습, 동방박사들이 찾아와 알현하는 모습, 목동들이 경배하는 모습, 마리아 대관식 장면, 예수님을 당나귀에 태워 이집트로 탈출하는 모습 등 성경에 나오는 예수 탄생과 관련된 내용들이 아주 사실적으로 표현되어 있다.

탄생의 벽 맞은 편, 그러니까 하늘에서 내려다보았을 때 십자가 왼쪽 팔에 해당하는 부분이 죽음의 벽이다. 이 부분은 예수의 죽음에 관한 내용을 담고 있어 조각들의 표정이 매우 슬프고 고통스럽다. 탄생의 벽에 있는 조각들이 사실적이고 둥글둥글한 곡선으로 되어 있다면 죽음의 벽 조각들은 추상적이고 직선으로 되어 있다. 죽음의 벽은 1954년에 공사가 시작되어 1990년에 완성되었다. 전면에 붙어있는 조각들은 까딸루냐 출신 조각가인 조셉 마리아 수비라체**Josep Maria Subirachs**가 담당하였고, 탄생의 벽과는 달리 왼쪽 아래에서부터 시간 순으로 'S'자 모양으로 배열되어 있어 성경을 잘 알지 못하는 사람들도 이해하기 쉽다. 영광의 벽은 지금 한창 공사가 진행 중이며 정문이 될 것이다. 이제 머릿속에 상상해 볼 수 있을 것이다. 영광의 벽에 있는 정문을 통해 성당 안으로 들어서면 전면에 제단이 보일 것이다. 오른쪽이 탄생의 벽이 있는 곳이고 왼쪽은 죽음의 벽이 있는 곳이 된다. 그리고 제단 아래 지하에는 가우디 무덤이 있는 납골당이 있다.

흔히들 사그라다 파밀리아를 영원히 완성되지 않을 성당이라고 말하곤 하는데 이는 잘못 알고 있는 것이다. 현재 거대한 기중기가 팽팽 돌아가고 있고, 가우디 사후 백주년인 2026년 완공을 위해 열심히 공사를 하고 있다.

모더니즘의 화려한 집들, 불균형블록

바르셀로나를 둘러싸고 있던 마지막 성벽은 1854년에 철거되었고, 1859년 도시설계기술자 예데폰스 쎄르다가 제안한 바둑판형 바르셀로나 확장 프로젝트를 채택하여 현재의 모습을 갖추게 되었다. 바둑판형 신도시는 각 블록당 가로 113m 세로 113m의 정방형으로 되어 있으나 각 모퉁이를 잘라 전체적인 모습은 팔각형으로 보인다. 모서리를 자른 이유는 전차나 자동차 같은 교통수단들이 원활하게 회전을 하도록 하고 짐을 하역하기 위한 장소로 활용하기 위해서였다.

그라씨아 거리는 서울 강남의 삼성로나 테헤란로 같은 곳이다. 서울이 강북에서 강남으로 확장되어 올 때 삼성로나 테헤란로가 강남 확장의 중심축이 되었던 것처럼 그라씨아 거리는 바르셀로나 확장의 중심축이 된다. 부자들은 새로 떠오르는 그라씨아 거리에 자신들의 저택을 짓고 싶어 했으며, 자신의 부와 명성을 가장 잘 드러낼 수 있다고 생각했다. 더구나 1898년 쿠바의 독립으로 인해 신대륙과의 교역은 급격히 위축되었고 신대륙과의 교역으로 부를 축적한 부자들은 새로운 투자처를 물색하게 되는데 부동산 투자가 그 대안으로 각광받게 된 것이다.

1800년대 말에서 1900년대 초반에 걸쳐 바르셀로나에는 모더니즘의 열풍이 불었다. 과거와의 단절, 그리고 새로운 스타일을 추구하는 모더니즘은 문학, 미술, 음악 등 모든 예술분야의 주요 사조로 등장했다. 바르셀로나에서는 특히 건축분야에 두드러지는데 루이스 도메네치 이 몬따네르, 조셉 뿌이그 이 까다팔치 그리고 안또니오 가우디가 대표적인 모더니즘 건축가였다. 건축에서의 모더니즘 특징은 자연에서부터 모티브를 가져오고 자연스러운 곡선을 사용하며 조각 등에 여성이 많이 등장한다. 아울러 환상이나 신화에 기초한 이국적인 이미지와 새로운 건축소재인 철, 유리, 타일 등을 많이 사용하는 것이다.

만싸나 데 라 디스꼬르디아Manzana de la Discordia. 한국어로 굳이 번역하자면 불

일치블록 또는 불균형블록이라는 뜻이다. 디아고날Diagonal 길 쪽에서 그라씨아 거리를 통해 까딸루냐 광장 쪽으로 내려오다 보면 중간쯤의 오른쪽에 다른 스타일의 건물 몇 채가 함께 있는 블록을 만나게 된다. 가우디가 지은정확하게는 기존의 건물을 개조한 까사 바뜨요Casa Batllo, 조셉 뿌이그 이 까다팔치가 지은 까사 아맛예르Casa Amatller, 그리고 루이스 도메네치 이 몬따네르의 까사 레오 모레라Casa Lleo Morera가 나란히 서 있다.

이 세 건물 중 단연 눈에 띄는 것은 가우디의 까사 바뜨요다. 화려한 색채의 타일마감, 곡선 위주의 외면과 내면, 신화적인 요소의 사용 등 한눈에 봐도 가우디의 작품임을 알게 해준다. 까사 바뜨요의 건축주인 조셉 바뜨요는 섬유업에 종사하는 상공인이었다. 그는 그라씨아의 한 건물을 매입한 후 그것을 허물고 가장 새로운 스타일의 건물을 짓고자 했다. 당시 부자들은 건축가와 계약을 맺어 가문의 건축가로 활용하곤 했는데 바뜨요는 이전에 거래하던 건축가였던 조셉 비야쎄까 대신 가우디를 선택했다. 바뜨요의 생각에 가우디가 가장 혁신적인 건축을 해줄 것으로 믿었기 때문이다. 가우디는 이런 바뜨요의 기대를 저버리지 않았다. 가우디는 자신이 갖고 있던 능력을 모두 발휘했다.

원래 바뜨요의 생각은 그 자리에 있던 기존의 밋밋한 건물을 헐고 새로운 건물을 짓는 것이었다. 그러나 가우디의 생각은 달랐다. 건물을 헐고 새로 짓는 대신 기존 건물의 형태를 그대로 두면서 개조하는 방법을 택했다. 건물 전면 외벽을 가우디만의 스타일로 덧씌웠으며 위로는 한 개 층과 옥상 발코니를 추가했다. 물론 건물 내부는 전면적인 개조를 하였다. 뼈로 만든 집. 바르셀로나 사람들은 까사 바뜨요를 뼈로 만든 집이라고 부른다. 발코니의 기둥이 뼈 모양으로 생겨서 붙여진 이름이다. 거리에서 건물을 쳐다보면 햇빛에 일렁이는 지중해 바다 속이 연상된다. 그리고 모네의 그림도 연상된다. 압축 타일로 얹어진 지붕은 용의 등비늘이, 십자가 모양의 굴뚝은 용의 등에 꽂힌 칼, 뼈 모양의 발코니 기둥과 해골 모양의 테라스 난간은 죽음을 연상시킨다. 정리하자면 이렇다. 용에 희생된 죽음 앞에서 산 조르디가 용을 무찌른다는 까딸루냐의 신화를 바탕으로 하고 있다.

까사 바뜨요 바로 옆에 다른 스타일의 건물 까사 아맛예르가 있다. 아맛예르라는 초콜릿업자의 집으로 조셉 뿌이그 이 까다팔치가 만든 건물이다. 가우디가 철저한 까딸란 지역주의자라면 조셉 뿌이그는 건축에 대한 시각을 외부를 돌린 사람이다. 평평한 전면과 뾰족지붕 등 까사 아맛예르는 독일이나 네덜란드에서 보는 건축양식과 닮아 있다는 것이 놀랄 일은 아니다. 이 건물에도 조셉 뿌이그의 건물에서 낙관처럼 사용되는 용을 죽이는 산 조르디의 조각이 있다.

한편 까사 아맛예르에서 아래쪽으로 세 채의 건물을 지나면 동글동글한 조각이 특징적인 까사 레오 모레라를 만난다. 꽃의 건축가로 불리는 루이스 메네치 이 문따네르가 만든 건물이다. 보통 이러한 유형의 건물들은 건물주의 이름을 따서 붙이는 경우가 대부분인데, 이 건물은 건물에 조각된 조형물의 이름을 붙였다. 즉 레오Lleo는 사자라는 뜻이고 모레라Morera는 산딸기 비슷한 열매로 건물의 조각으로 볼 수 있다.

까사 레오 모레라는 까사 바뜨요나 까사 아맛예르에 비해 규모가 작을 뿐 아니라 까사 바뜨요나 까사 아맛예르와 달리 들어가 볼 수 없는 것이 안타깝지만 상 빠우 병원이나 까딸루냐 음악당에서 볼 수 있는 도메네치 특유의 꽃장식 조각들을 여기서도 만날 수 있다.

Casa Ba
Hora
BAGUES
LOTERIA

그라씨아 거리 한 블록에 스타일이 다른
모더니즘 건물들이 나란히 있어 불균형블록이라
부른다. 건축을 공부하는 건축학도들에게는
모더니즘 건축의 교과서 같은 곳이다.

까딸루냐 모더니즘의 완성, 도메네치

까딸루냐 음악당, 까딸루냐의 정체성을 위하여

앞에 큰 광장이 있는 것도 아니고 음악당이 있음을 알리는 큰 표지판이 있는 것도 아니다. 번화한 람블라스 길도 아니고 화려한 그라씨아 길도 아니다. 보른지구 중에서도 뒷골목 한 모퉁이, 좁고 어둡고 허름한 골목 한 귀퉁이에 꽃의 건축가로 불리는 도메네치 이 문따네르Domenech i Muntaner의 대표적인 건축 작품인 까딸루냐 음악당Palau Musica Catalana이 보석처럼 숨어있다.

도메네치는 가우디, 그리고 조셉 뿌이그 이 까다팔치와 함께 까딸루냐의 대표적인 모더니즘 건축가로 이성적 합리주의와 두드러진 장식을 사용한 신화적 기법을 적절히 사용하여 까딸루냐 모더니즘을 완성시킨 건축가로 평가받고 있다. 붉은 벽돌, 철을 이용한 섬세한 장식, 정교한 조각과 스테인드글라스 등을 활용하여 건축에 예술을 불어넣고, 타일, 기와, 돔형 창문과 지붕 등 아랍양식을 잘 활용한 건축가로 유명하다.

까딸루냐 음악당은 까딸루냐 모더니즘 건축의 전형이다. 직선보다는 곡선이, 정적인 형상보다는 동적인 형상이 주조를 이루고 있으며, 꽃을 강조한 장식과 생명체에서 얻은 영감이 광범위하게 사용되었다. 당시 모더니즘 건축 양식에 호의적이었던 바르셀로나의 부르주아들은 도메네치에게 까딸루냐의 특징을 잘 살릴 수 있도록 최신 기법과 최신 소재를 사용하여 건축할 것을 원했고 도메네치는 이러한 기대를 저버리지 않았다.

음악당 주위에는 헌 책방과, 낡은 오스딸Hostal, 기념품숍, 카페테리아 등이 자리 잡고 있을 뿐 유명한 음악당 앞이라고 해서 그리 특별한 것은 없다. 음악과 관련된 기념품숍이 있다는 것, 그리고 음악당 바로 앞에 오래된 음악학원이 있다는 것 정도가 음악과 관련이 있다는 것을 보여준다. 더구나 좁은 골목 사이에 자리 잡고 있어 건물 윗부분을 보려면 고개를 바짝 들어야 한다. 지금은 매표소가 뒤쪽 새로 지은 곳으로 이전했지만 원래 매표소 역시 비교적 소박한 모습으로 건물 정면에 있다. 얼마나 많은 사람들이, 얼마나 많은 설렘을 가지고 저 매표구를 통해 표를 샀을까. 그 풍경을 떠올리니 가슴이 따뜻해진다.

골목 어디선가 바이올린 소리가 들리는 것 같다. 타일로 된 기둥 위로 꽃이 피어난다. 그 위로 바흐, 베토벤, 와그너와 같은 대표적인 클래식 작곡가들의 흉상이 조각되어 있는데 도메네치의 말에 따르면 까딸루냐의 전통음악은 클래식과 잘 어울린다는 의미에서 이들의 흉상을 넣었다고 한다. 그리고 돌로 만든 정교한 조명등과 타일 모자이크로 된 콘서트 장면 역시 화려하다. 건물 모퉁이 벽면에는 뭔가 많은 이야기를 표현하려는 듯한 굉장히 복잡하고 정교한 조각, '까딸루냐의 노래La cancio Popular Catalana'가 사람들을 내려다보고 있다. 여기서도 어김없이 용을 죽이는 까딸루냐 수호신 산 조르디가 등장한다. 좁은 건물의 전면에 쇠와 돌과 타일, 그리고 붉은 벽돌의 향연이 펼쳐지고 있다.

매표소와 로비는 새로 지은 건물 옆면을 통해 들어가야 한다. 백 년 전의 건물에 현대적인 덧댐이 잘 조화된 마당에서 바라보는 풍경은 아름답다. 음악당에 딸린 레스토랑 미라도르Mirador 안쪽 벽에는 언제 보아도 이지적인 도메네치의 큰 사진이 붙어있다.

로비의 외벽은 유리로 되어있는데 예전에는 음악당의 외부에 불과했을 공간을 유리를 이용하여 안으로 끌어들인 것이 창의적인 바르셀로나 사람들답다. 기존 건물을 조금도 훼손하지 않고 만든 카페테리아와 레스토랑은 낭만적인 음악당의 분위기를 더해준다. 로비에는 채색한 타일로 만든 꽃장식의 기둥들과 모더니즘의 특징을 갖고 있는 조명등이 있는데 음악당 내부의 화려함을 엿볼 수 있게 해준다. 로비에 붙어있는 공연 포스터들은 이곳이 특정 장르의 음악만을 공연하는 곳이 아니라는 것을 말해준다. 카페테리아에서 나는 맛있는 빵 냄새와 구수한 커피향이 가득하다. 그 냄새에 이끌려 로비 한쪽에 마련된 테이블에 앉아 책을 꺼낸다. 까페 꼰 레체 한잔에 1.8유로. 간단한 요깃거리인 삔쵸Pincho 하나에 2유로. 자리에 비해서 가격이 비싸지 않다. 정말 로맨틱한 곳에서 커피 한잔 마시며 누구의 방해도 받지 않고 책을 읽을 수 있는 비용치고는 너무 저렴하지 않은가.

로비를 통해 2층으로 난 계단을 올라가면 콘서트 홀로 들어갈 수 있다. 규모는 다른 콘서트홀에 비해서 크다고는 할 수 없지만 그 화려함만은 다른 곳에 비할 수 없다. 보통의 콘서트홀은 시각보다는 음향을 생각하기 때문에 특별한 치장이나 장식이 없는 경우가 대부분인데 까딸루냐 음악당은 콘서트홀의 규모에 비해 너무 크고 화려한 장식들로 좀 정신이 없다. 무대 뒤편에 악기를 연주하는 천사들의 부조가 붙어있고 파이프오르간 위로 커다란 사람 조각이 매달려 있다. 그 위에는 하늘을 나는 듯한 형상의 커다란 말이 매달려 있고 화려한 색깔의 아치들은 이슬람적인 분위기를 느끼게 해준다. 물이 쏟아질 것 같은, 원형의 천정장식으로 물대신 빛이 쏟아진다. 그리고 초콜릿 질감의 장미타일이 점점이 박힌 천정. 건축이라기보다는 실내장식을 보는 것 같은 기분이 드는 것은 나만의 느낌일까.

공연이 시작될 때는 바깥이 환했는데 흐르는 선율과 함께 바깥이 점점 어두워진다. 바르셀로나에 있다는 것, 보른지구의 한 귀퉁이에 있다는 것, 까딸루냐 음악당에 있다는 것, 밤이라는 것, 까딸루냐 합창단의 노래와, 그들 중 두 사람의 남녀가 낭송하는 까딸루냐의 시인 하신또 베르다게르**Jacinto Verdaguer** 시낭송을 듣는다는 것, 그것도 딸 채니의 손을 꼭 잡고 함께 듣는다는 것이 눈물이 나도록 감사하다.

까딸루냐 음악당은 까딸루냐 합창단인 오르페오 까달라**Orfeo Catala**와 그 당시 사업가와 부르주아들의 지원으로 1908년에 만들어졌다. 1909년 바르셀로나 건축상을 수상하였고, 1997년에는 도메네치의 또 다른 건축물인 상 빠우 병원과 함께 유네스코 문화유산으로 지정되었다. 매년 오케스트라, 스페인기타, 합창, 재즈, 그리고 까딸루냐 전통 포크송 등 다양한 공연을 오십만 명 이상의 사람이들이 관람하고, 방문만 하는 사람들은 이보다 훨씬 더 많다. 까딸루냐 음악당 내부를 보기 위해서는 가이드투어를 받거나 공연을 관람해야 하는데 가이드투어 비용보다 더 저렴한 공연이 열리곤 하니 공연을 보는 것이 더 좋다.

꽃의 건축가로 불리는 도메네치의
대표적인 건축물답게 꽃장식이 화려한
까딸루냐 음악당.

산따 끄레우 이 상 빠우 병원, 환경이 병을 치유한다

바깥에서 보면 도서관인지 대학인지 호텔인지 병원인지 분간을 할 수가 없다. 확장된 신도시의 아홉 개 블록을 합친 넓은 부지가로 300m, 세로 300m에 걸쳐서 만든 커다란 병원 산따 끄레우 이 상 빠우Santa Creu i San Pau 병원.

까딸루냐 음악당을 건축한 도메네치 이 문따네르가 심혈을 기울여 지은 병원으로, 한 개의 메인 관리동과 스물일곱 개의 병동으로 구성되어 있다. 붉은 벽돌과 철을 구부려 만든 첨탑, 복잡한 구조의 문과 창의 틀, 꽃의 건축가답게 정교하고 화려한 꽃문양의 돌 장식, 기와와 타일을 이용한 이슬람 양식의 구현, 환자 이동을 편하게 하기 위한 병동간의 지하통로 연결과 같은 실용성 등 도메네치 특유의 건축 경향을 집대성한 건물로 1997년 유네스코 세계문화유산으로 지정되었다. 기존 병원 뒤편에 신관을 지어 지금까지도 병원으로 사용되고 있는데, 육백삼십 개의 침상과 열아홉 개의 수술실을 갖추고 연간 삼만사천 명의 입원환자, 십오만 명의 응급환자 및 삼십만 명 이상의 일상적인 외래환자를 돌보고 있는 커다란 규모이다.

2009년부터는 세계문화유산으로 지정된 구병동에 대한 대대적인 보수공사가 시작되었으며 2013년까지의 1단계 공사를 거쳐 2016년까지 2단계 공사를 마칠 계획으로 현재 열심히 공사 중이다. 이 병원의 기원은 1401년으로 돌아간다. 당시 바르셀로나 여기저기에 흩어져 있던 아홉 개의 작은 병원을 모아 지금의 라발지구에 산따 끄레우Santa Creu 병원을 만들었다. 당시 라발지구는 수도원 몇 개만 있었을 뿐, 성벽 바깥의 사람이 살지 않는 곳이었다. 산따 끄레우 병원의 설립 목적은 가난한 사람들과 순례자들을 치료하기 위한 것이었으며 라발지구는 이러한 목적에 맞는 장소였다.

1900년 초반이 되자 산업혁명의 붐에 편승하여 외지에서 수많은 사람들대부분은 가난한 사람들이 바르셀로나로 이주하게 된다. 그러나 기존의 병원으로는 늘어나는 환자를 수용할 수 없게 되자 1905년 경 사그라다 파밀리아 근처 현재의 상 빠우 병원 자리로 확장 이전하기로 결정한다. 확장 이전에 소요되는 막대한 비용은 당시 파리에서 금융 사업을 하던 빠우 힐**Pau Gil**이라는 사람이 그의 유산의 반을 기부하여 조달하였고, 이에 대한 감사의 표시로 기존의 이름에 상 빠우를 덧붙여 산따 끄레우 이 상 빠우**Santa Creu i San Pau**가 되었다. 지금은 그냥 상 빠우 병원으로 많이 부른다.

그러나 공사가 시작된 지 6년만인 1911년경, 관리동과 아홉 개의 병동만을 지은 후 자금이 고갈되어 공사가 중단된다. 우여곡절 끝에 3년 후 다시 공사가 재개되는데 이때는 도메네치 이 문따네르가 아니라 그의 아들 뻬레 도메네치 이 로우라**Pere Domenech i Roura**가 공사를 맡는다. 뻬레 도메네치가 보기에 기존 양식이 이미 구식으로 여겨졌지만 건축가로서 아버지를 존중한다는 의미에서 기존의 양식대로 공사를 하게 된다. 마침내 1930년경에 새로운 병원이 완공되어 라발지구에 있던 산따끄레우 병원이 현재의 자리로 확장 이전을 하게 되었다.

도메네치는 '환경이 환자를 치유한다'는 신념아래 상 빠우 병원을 기능적인 면뿐만 아니라 건축예술적인 면에서도 각별한 신경을 쏟았다. 사람을 편안하게 하는 정원을 사이에 두고 병동들을 배치했으며 넓은 공간에 온종일 내리쬐는 햇볕으로 인해 옛날 병원들이 가지는 음습함이 전혀 없다. 하나의 풍부한 정원을 가진 독립된 도시처럼 병원 안에서 모든 것을 해결할 수 있도록 거리, 정원, 물공급 빌딩, 성당과 수도원과 같은 시설들을 한 공간 안에 설치했다. 유토피아적인 개념을 병원에 도입한 것이다. 주 출입구는 확장된 신도시 블록의 측면에 위치하지 않고 사각형의 꼭짓점에 위치하게 하였는데 이는 사그라다 파밀리아와 바다를 향하게 하기 위해서다. 도메네치는 바다로부터 불어오는 바람이 병원의 환기를 원활하게 하고 환자의 회복을 도와준다고 믿었다. 아울러 이러한 배치는 그가 좋아하지 않았던 사각형 블록형식의 확장된 신도시 모양을 벗어난다고 생각했다.

관리동이 있는 메인건물에서 보듯이 도메네치는 고딕양식, 신고딕양식, 아랍양식, 그리고 시계탑에서 볼 수 있는 게르만양식 등 다양한 건축양식을 사용했다. 정원은 병원에서 필요한 약초를 재배할 것까지 염두에 두었으며, 정원을 중심으로 오른쪽은 남자를 위한 병동으로, 왼쪽은 여자를 위한 병동으로 나누어 사용할 것을 생각하고 오른쪽 병동의 이름들은 남자 성인들의 이름을, 왼쪽은 여자 성인들의 이름을 붙였다.

상 빠우 병원은 바르셀로네따 해변에 있는 바다 병원과 함께 치료환경을 생각한 병원이다. 이곳을 방문하는 사람들은 지금으로부터 백십 년 전에 이런 규모의 병원을 만들었다는 것에 놀란다. 그리고 그 병원이 지금까지도 같은 모양으로 운영되고 있다는 것에 또 놀란다.

병원 입구의 아름다운 현관 건물에 들어서면 크지는 않지만, 언제나 햇살이 비추는 조용하고 깨끗한 정원이 있어 준비해온 빵이나 과일을 먹기에 아주 좋다. 병원을 천천히 산책하며 주위에 있는 병동들을 관찰해보면 기본적인 것을 가장 중요하게 생각하는 스페인 사람들의 인식을 엿볼 수 있다. 지금[2011. 여름]은 공사 중이라 정문 출입이 안 된다는 것이 아쉽긴 하지만 가이드투어를 이용하면 현관 건물과 공사 중인 병동들도 볼 수 있고 가이드투어를 이용하지 않더라도 다른 쪽 부출입문을 이용하면 약간 먼발치이긴 하지만 도메네치의 아름다운 건물들을 볼 수 있다.

한 가지 재미있는 사실은 가우디가 교통사고로 입원하고 이틀 후 죽은 병원이 라발지구에 있었던 산따 끄레우 병원인데, 앞에서 말한 것처럼 그 병원은 이곳으로 옮겨오기 전의 병원이다. 가우디가 죽은 것은 1926년이고 병원이 옮겨온 것은 1930년이니 가우디는 구병원의 거의 마지막 환자였던 셈이다. 그리고 지금 병원이 가우디의 사그라다 파밀리아를 바라보고 있으니 가우디는 상 빠우 병원과 죽어서도 살아서도 인연이 있는 셈이다.

싱 빼우 병원 현관에시 보이는 시그라디
파밀리아. 모더니즘 건축의 대가인 가우디와
도메네치 이 문따네르의 건축물은
가우디 길을 사이에 두고 마주 보고 있다.

몬주익, 그리고 마법의 분수쇼

지중해를 한 눈에, 몬주익

한국 사람들에게 바르셀로나에서 알고 있는 곳 중 한 곳을 꼽으라면 아마도 많은 사람들이 몬주익Montjuic 언덕을 꼽을 것이다. 이십일 년 전 그다지 크게 기대하지 않았던 황영조 선수가 올림픽 마라톤에서 우승한 곳이다. 기억이 좀 가물거리기는 하지만 그때 티브이 화면에 비춰지던 이국적인 도시의 언덕길. 앞서가던 일본 선수를 앞지르던 그 언덕이 몬주익 언덕이다. 올림픽 경기장 조형물의 많은 부분을 일본 건축가가 만든 곳에서 일본 선수가 일등으로 들어오고 있었는데 마지막 순간에 한국 선수가 앞질러버렸으니 일본인들의 실망은 얼마나 컸겠는가. 일장기를 달고 뛰어야했던 손기정 선수에 대한 기억이 있는 우리로서는 그 기쁨이 더 컸을 테고.

몬주익의 어원은 몬스 이오비스**Mons Iovis, 주피터의 산**에서 비롯되었다는 설과 몬스 주다이꼬**Mons Judaico, 유대인의 산**란 설이 있으나 878년 이후의 기록에 일관되게 후자가 언급되어 있는 것으로 봐서 후자라는 쪽에 더 무게가 간다.

몬주익에 사람이 산 건 멀리 선사시대까지 거슬러 올라간다. 기원전 2세기경 라이에라고 불리는 이베로족 일부가 이곳에서 거주했다고 알려져 있다. 그러나 몬주익은 물도 없고 사람이 거주하기에는 적당하지 않았던 것 같다. 그래서 오랫동안 채석장이나 공동묘지로 사용되는 등 주로 주거와는 관련이 없는 시설로 이용되었다.

몬주익 정상에 있는 몬주익 성은 오래전부터 바르셀로나를 방어하는 전략적 요충지로 사용되었다. 15세기경부터 정상에 망루가 있었고 1472년 아라곤 왕국의 조안 2세가 바르셀로나를 침략했을 때는 방어에 중요한 역할을 하였다. 이후에도 몬주익 성은 바르셀로나의 전략적 요충지로 취급되었다. 1640년 까스띠야 왕국과의 세가도레스**Segadores**전쟁 때는 바르셀로나를 지키는데 이용되었으나 1705년의 왕위계승전쟁 때는 반대로 바르셀로나를 함락시키는데 사용되기도 했다. 한때는 삼천 명분의 취사를 할 수 있는 주방과 백이십 문의 대포가 설치되기도 하였다. 1808년부터 1812년까지는 나폴레옹군의 군사기지로 사용되었으며 이후 군사기지, 교도소, 고문실, 심지어는 사형장 등으로도 사용되는 등 바르셀로나 사람들에게 몬주익 성에 대한 이미지는 좀 어두운 편이다.

1843년에는 바르셀로나에서 일어난 쁘림 장군의 반란을 진압하기 위해 몬주익에서 바르셀로나를 열두 시간 동안 폭격하였다. 나중에는 거꾸로 쁘림 장군이 이끄는 정부군이 바르셀로나를 무려 팔십일 일 동안 폭격하였다. 1800년대 말과 1900년대 초반에는 무정부주의자들과 노동자들을 탄압하기 위한 장소로, 1939년에 끝난 스페인 내전 이후에는 까딸루냐 민족주의자들을 고문하고 탄압하는 장소로 사용되었다. 이처럼 몬주익은 오랫동안 바르셀로나 시민에게 두려움과 슬픔의 장소로 기억되고 있다. 그런 면에서 남산에 있었던 안기부 조사실과도 좀 비슷한 이미지를 가지고 있다고 할 수 있다.

도시 한복판에 있다는 것, 정치적인 장소라는 점에서는 서울 남산과 유사하지만 바다를 볼 수 있다는 것과 산중턱에 올림픽 경기장이 들어서 있다는 것은 서울 남산과는 다른 점이다.

쉽게 이야기하자면 남산 중턱에 잠실올림픽경기장을 건설했다고 생각하면 된다. 여기서도 바르셀로나 사람들의 사고의 유연성이 그대로 드러난다. 도시 안에 올림픽경기장과 같은 시설을 지을 장소가 없다면 보통의 경우 시 외곽으로 나갈 것이다. 그러나 바르셀로나 시는 외곽으로 나가는 대신 도시 한복판에 자리 잡고 있던 버려진 산, 몬주익을 떠 올리고 여기에 올림픽경기장을 지었다. 그리고 버려진 공간들을 살아있는 공간으로 바꾸었다. 이로써 슬프고 암울했던 역사를 가지고 있던 몬주익은 바르셀로나 시민뿐만 아니라 관광객들도 한 번은 방문하는 명소로 탈바꿈하게 되었다.

몬주익엔 항상 푸른 바람이 분다. 그 바람이 얼마나 맑고 청량한지 폐포의 꽈리 하나하나까지 다 씻겨나가는 느낌이다. 193번 버스종점에서 내려 몬주익 성까지 올라가는 짧은 오르막길 동안 느낄 수 있는 상쾌함은 말로 표현할 수 없을 정도다. 또 봄과 여름에는 꽃향기가 얼마나 상큼한지.

몬주익 성에서 내려다보는 지중해는 평화롭다. 시즌에는 수많은 크루즈 선박이 정박해 있고 바다와 몬주익 중턱을 잇는 케이블카가 한가롭게 다니고 있다. 시내 쪽으로는 멀리 공사 중인 사그라다 파밀리아, 그리고 포탄 모양의 수자원공사 빌딩Acbar Tower이 한눈에 들어온다. 콜럼버스 탑에서부터 바다 깊숙이 놓인 아름다운 나무다리 람블라 델 마르Rambla del Mar도 그림처럼 보인다. 바람좋은 날 미라마르Mira Mar 전망대 카페테리아에서 바르셀로나 항구를 내려다보며 생맥주와 감자 튀김을 먹는 것도 좋고 연인과 함께라면 중턱에서 정상까지 운행하는 케이블카를 타는 것도 괜찮다. 연인과 함께 하게 되는 밀폐된 공간은 언제나 설렌다. 저녁 무렵이면 더 좋겠지. 도시와 바다를 내려다보며 나누는 깊고 진한 키스는 어쩌면 영원히 잊을 수 없는 추억이 될 수도 있다.

마법의 분수쇼

벽돌로 만든 커다란 기둥 두 개를 지나 사람 키만 한 크리스마스트리 모양의 물줄기가 도열하고 있는 길을 따라 걸어간다. 밤에 도착하는 비행기에서 내려다보는 낯선 도시의 공항활주로 유도등처럼 몽환적인 느낌이 가득한 길이다. 세상은 충분히 어둡고 물과 불의 기둥들만 그 어둠 속에서 더욱 빛난다. 물과 불의, 수십 개의 칼의 사열을 받으며 그 길을 천천히 걷는다.

물기둥이 인도하는 길이 끝나는 곳 너머에 커다란 궁전처럼 생긴 까딸루냐 국립미술관MNAC이 검은 실루엣에 싸인 채 서 있다. 일곱 개의 레이저 빔이 중앙 돔에서 하늘로 뻗어 나가는데, 어찌 보면 돔에서 하늘로 뻗어나가는 게 아니라 하늘에서 내려온 일곱 개의 줄에 중앙 돔이 매달려서 내려오는 것 같다. 그렇게 땅에 내려앉은 궁전을 적당하게 너른 가슴을 가진 몬주익이 소리 없이 감싼다. 궁전이 양팔을 앞으로 벌린 위치에 아무도 눈치 채지 못하게 두 개의 망루가 살그머니 자리를 잡고 일어서 있다. 그리고 궁전의 혀 부근에서는 복숭아빛 커튼 같은 물이 쏟아지고 그 앞으로 상아처럼 생긴 네 개의 하얀 기둥이 솟아 올라와 있다.

막이 열리기 전 객석에서처럼 사람들의 수군거림으로 어수선하다. 몇 줄기의 바람이 불었을까. 몇 번의 눈을 깜빡이는 사이 커다란 물줄기가 터져 나온다. 어수선함은 물줄기와 함께 터진 음악소리에 잠긴다. 그러나 그것은 잠시다. 잠깐의 침묵 끝에 이어서 터지는 사람들의 탄성과 수많은 플래시.

이것은 단순한 분수가 아니다. 빛과 소리와 물의 향연이다. 하늘과 땅과 인간의 어울림이다. 소리가 물에서 나와 다시 물로 들어간다. 소리가 하늘에서 내려와 다시 하늘로 올라간다. 얌전했던 물줄기가 미친 듯이 뿌려지기도 하고 운무로 변하기도 한다. 솜사탕이 되기도 하고 정열적인 여인의 치맛자락이 되기도 한다. 세상은 사라지고 오직 분수와 빛과 음악만이 존재한다.

만약 지금 이 순간, 곁에 누군가 있다면 그 사랑이 더욱 깊어질 것이고 혼자라면 그리움이 더욱 커질 것이다. 그리고 어쩌면 꺼 두었던 휴대폰의 전원을 켜고 “다음에 꼭 같이 와요, 사랑해요.”라는 메시지를 보낼지도 모르겠다.

마법의 분수쇼스페인광장 근처에 있어 스페인광장 분수쇼 혹은 몬주익 기슭에 있어 몬주익 분수쇼라고 하기도 한다.의 배경은 궁전 같은 까딸루냐 국립미술관과 그 뒤편의 몬주익 동산, 그리고 그 앞쪽으로 연결된 스페인 광장이다. 아니다. 몬주익 분수쇼의 배경은 어느 하나가 아니라 바르셀로나의 하늘과 바다, 도시를 채우고 있는 건물과 길들, 그리고 사람들이다. 그래서 몬주익 분수쇼는 평면 스크린에서 펼쳐지는 2차원 영상이 아니라 잘 만들어진 3D 입체영상이다.

그것은 분수만을 위한 분수쇼가 아니다. 인간과 자연, 과거, 현재 그리고 미래가 함께 버무려진 하나의 예술작품이다. 그러니 여기저기서 뜨거운 입맞춤을 나누는 남녀들을 보는 것은 어쩌면 당연한 일이다. 바르셀로나를 로맨틱하게 만드는 여러 가지 중에서 이곳에서 펼쳐지는 분수쇼를 빼놓을 수 없다. 맥주 한 캔을 들고 가는 것도 좋고 엽서 한 장쯤 준비해가는 것도 좋겠다. 분수가 쏟아질 때, 그리고 가슴에서 말이 쏟아질 때 그 말을 담아둘 엽서 한 장을.

몬주익 분수쇼는 매년 이백오십만 명이 찾는다고 한다. 백 아홉 개의 밸브를 통해 초당 이천육백 리터의 물이 컨트롤되고 사천오백 개의 전구로 연출되는 여덟 가지 색깔의 조명은 그 어느 곳에서도 볼 수 없는 환상적인 분위기를 만들어낸다.

우리에게 잘 알려진 영화 음악과 클래식 음악, 그리고 싸르수엘라**Zarzuela**라고 불리는 스페인 음악과 80~90년대 리믹스 음악 등으로 구성되는 다양한 배경 음악도 여행자의 감성을 자극한다. 특히 마지막 곡은 바르셀로나 올림픽을 축하하기 위해 퀸의 프레디 머큐리가 작곡한 '바르셀로나'가 장식한다. 굳이 한 가지 단점을 꼽자면 각 음악들의 전곡을 들려주는 것이 아니라 일부만 들려준다는 것인데 들려주는 음악의 길이가 너무 짧다. 음악을 들으며 분위기에 빠져보려는데 음악이 확 바뀌어 버리는 것이 아쉽다.

조명과 함께하는 분수쇼라 일몰시간에 맞춰져야 하므로 계절별로 시간이 조금씩 달라진다. 여름시즌에는 목, 금, 토, 일요일 밤 9시부터 11까지, 겨울시즌에는 금요일과 토요일 밤 7시부터 9시까지 공연이 펼쳐진다. 여름의 끝 무렵에 열리는 바르셀로나의 가장 큰 축제인 메르세**Merce** 축제 때는 꼬레폭**Correfoc, 불꽃놀이**의 피날레를 장식하는 장소로 사용된다.

몬주익 분수쇼는 1929년 바르셀로나 만국박람회를 계기로 콜럼버스 탑을 만든 건축가의 아들인 까를레스 부이가스**Carles Buigas**가 만들었다. 이후 1992년 바르셀로나 올림픽을 계기로 미세한 수정이 있기는 했지만 백년이 지난 지금까지 원래 모습 그대로를 간직하고 있다. 우리나라 일산 호수공원의 분수쇼 역시 몬주익 분수쇼 관리팀이 만들었다고 한다. 몬주익 분수쇼는 여행객들도 좋아하지만 소매치기들도 좋아한다. 곁에서 보면 영락없는 여행객이지만 분수를 향한 그들의 눈과는 달리 그들의 손은 이 사람 저 사람의 주머니를 헤매고 있을 것이다. 분수쇼가 주는 낭만에 취하는 것은 좋지만 소매치기에 대한 경계심까지 놓아서는 안 된다.

barcelona

몬주익이 시작되는 까딸루냐 국립미술관에서
바라본 스페인 광장. 앞쪽 하얀 기둥
뒤편으로 마법의 분수쇼가 열리는 메인
분수가 보인다.

솜사탕 같은 마법의 분수쇼. 사랑을 두고
온 사람은 그 사랑이 그리워질 것이고
사랑과 함께 온 사람은 그 사랑이 깊어질
것이다.

몬주익 미라마르 전망대에서 바라본 콜럼버스 탑
그가 가리키고 있는 곳은 아메리카 대륙이
아니라 이탈리아 쪽이다. 바다를 가리키고 있는
것은 상징적인 의미일 뿐이다.

기억과 추억

기억과 추억

낡은 공원의 추억, 시우따데야

내 유년의 공원에 대한 이미지는 사이다, 아버지, 제비뽑기 물방개, 바람피우 던, 회전목마, 공원에 가면 있던 어떤 아줌마, 골목을 비추던 밤 가로등, 긴 그림 자를 만들고 서 있던 엄마, 그리고 괜한 가책 등이다. 이상하게도 나에게는 바르 셀로나 시우따데야Ciutadella 공원의 이미지와 어릴 때 아버지와 가곤했던, 이름도 생각나지 않는 내 유년의 공원 이미지와 겹친다. 제비뽑기 물방개도 없고, 어떤 아 줌마도 없고, 바람피우던 아버지도 없는데 왜 그럴까. 잘 포장된 아스팔트길 대신 요즘은 좀 드문 흙길로 되어 있어서 그럴까.

구웰 공원이 관광객 버전의 공원이라면 시우따데야 공원은 바르셀로나 시민 들을 위한 버전의 공원이다. 바르셀로나 특유의 맑고 투명한 햇볕이 공원 구석구 석을 골고루 비추는 점심 무렵, 시우따데야 공원은 바르셀로나 시민의 편안한 휴 식처다. 유모차에 아이를 태우고 나온 부모들, 소풍을 온 듯한 한 무리의 시끌벅 적한 아이들, 점심시간을 이용하여 짧은 데이트를 하는 젊은 남녀들, 그리고 무엇 보다도 밤새 술에 절은 노숙자들에게도 이 공원은 참 고마운 곳이다. 몇 시간이고 잔디에 엎어져 따뜻한 햇볕을 쬐며 잘 수 있는 것만큼 고마운 것이 그들에게 또 있을까, 지나간 밤은 춥고 외로웠을 텐데 말이다.

공원 한쪽에 있는 연못에서는 몇 쌍의 남녀가 보트를 젓고 있다. 이 풍경 역시 칠십 년대의 한국 공원에서와 같은 낡은 이미지다. 세련됨과는 거리가 먼 낡은 벤 치들, 초록색 칠이 벗겨진 철제 난간들.

어디선가 기타소리에 섞여 하모니카 소리가 들린다. 애니멀즈라는 그룹이 부 른 'The House of the Rising Sun' 참 오랜만에 듣는 곡이다. 잘 생긴 젊은 남자가 잔디에 앉아 노래를 부르고 여자는 그런 그를 그윽한 미소로 바라보고 있다. 그들 사이에 팩에 담긴 상그리아와 플라스틱 잔이 있다. 그러고 보니 여자의 얼굴이 발 갛다. 그 모습이 참 싱그러워 사진을 찍어도 되냐고 물으니 환한 미소와 함께 고 개를 끄덕여준다. 계속 노래를 부르면서. 관객이 생겼으니 남자는 더 신이 났고,

LLOGUER
de barques
30 minuts

2 persones 6 €
3 persones 9 €
4/5 persones 10 €

barcelona

시우따데아 공원은 바르셀로나
시민의 휴식처다. 구심도에 인접해 있고
잔디밭, 벤치가 많아 쉬기에도 좋다.

barcelona

시우따데야 공원 입구 작은 폭포가
있는 연못. 이 폭포와 연못의 물의
양을 학생시절의 가우디가 계산했다는
이야기가 있다.

여자의 얼굴은 조금 더 빨개진다. 그때 한 무리의 아이들이 달려와서 노래 부르는 남녀를 둘러싼다. 아이들은 노래에는 관심이 없고 둘 사이에만 관심이 있다. 아이들은 질문을 하고 남자는 노래 중간 중간에 답을 한다.

"애인이에요?"

"My mother was a tailor.… 아니, 친구."

"에이. 아닌 것 같은데. 영화에서 보면 이런 경우에는 애인이던데."

"My father was a gamblin' man…. 아니, 친구라니까."

가우디가 물의 양을 계산했다는 분수대의 연못엔 크고 작은 물새들이 물장난을 하고 있다. 새로 단장한 분수대 뒤쪽의 황금빛 말들이 그 햇살에 반짝인다. 모든 것이 다 낡아있는데 새로 도금한 듯한 황금빛 말들의 '새 것스러움'은 왠지 좀 어색하다. 뒤쪽 잔디밭에서 소풍 나온 아이들이 둥그렇게 모여 앉아있다. 그들에게 다가가 어릴 때 소풍가면 항상 하던 수건돌리기 놀이를 가르쳐주고 싶어진다.

시우따데야 공원은 바르셀로나 시민들이 사랑하는 휴식 장소다. 구도심에 인접해 있어 가기도 편하고 잔디밭, 벤치가 많아 쉬기에도 좋다. 지금은 이렇게 좋은 느낌의 공원이지만 예전의 기억은 좋지 않았다. 바르셀로나는 오스트리아와 프랑스의 왕권다툼이었던 왕위계승전쟁**1700~1714**에서 잘못 줄을 선 대가로 펠리뻬 **Felipe** 5세에게 가혹한 보복을 당하게 된다. 펠리뻬 5세는 바르셀로나를 통제하기 위해 해변 사람들의 거주지였던 이곳을 유럽에서 가장 큰 군사기지로 만들었다. 그리고 이곳에 살던 100가구의 사람들을 바르셀로네따 해변 마을로 강제 이주시켰다. 그 후 백오십 년이 지난 1870년경에 까딸루냐 출신의 쁘림**Prim**장군이 군사 쿠데타에 성공한 후 군사기지를 폐쇄하고 시민에게 공원으로 돌려주었다. 1988년에는 이 공원을 만국박람회장으로 사용하기도 하였다. 이때 도메네치 이 몬따네르가 까스뗄 델스 뜨레스 드라고네스**Castell dels Tres Dragones, 세 마리 용의 성란** 건물을 지었는데 바르셀로나 최초의 모더니즘 건물로 평가받고 있다.

시우따데야 공원은 현대적이라기보다는 과거적이다. 흙길도 그렇고 벤치도 그

렇고 가로등도 그렇고 왠지 이곳을 찾는 사람들의 모습도 그렇다. 어쩌면 그 과거
적인 느낌이 유년을 생각나게 하는지 모르겠다. 한두 시간쯤 바쁜 일상에서 벗어
나 낡은 과거 속으로 밀어 넣어보는 것도 괜찮을 것 같다. 단 칙칙한 것을 싫어하
거나 3일 정도의 일정으로 온 바쁜 관광객들에게는 그리 권하고 싶지 않은 것이
사실이다. 왜냐하면 바르셀로나에는 다른 볼 것들이 너무 많기 때문에.

떠나는 자와 남는 자, 프란샤역

기차역은 좀 고풍스러워야 한다. 그래야 떠나는 사람도 남는 사람도 감상에
빠질 수 있다. 감상에 빠질 수 없는 기차역은 금방 잊혀진다. 그런 의미에서 감상
에 빠질 수 없는 기차역은 기차역이 아니다. 톱밥난로가 이글대는 '사평역'까지는
아니더라도 이별과 만남에 어울리는 플랫폼이 있고 커다란 시계가 있고 안개 낀
새벽 정도는 있었으면 좋겠다.

바르셀로나 프란샤França역. 일단 역사가 고풍스러워 감상에 빠질 수 있는 최소
한의 조건은 된다. 그리고 파리, 밀라노, 취리히 등 국제선의 출도착역이라는 점도
낭만적이다. 게다가 역 인근에 바르셀로나 항구와 해변, 그리고 보른Born지구 같
은 보헤미안적인 분위기를 간직하고 있는 구도심이 있어 이별과 만남을 위한 무대
장치는 갖추어진 셈이다.

역사 정면에서 보면 돌로 된 건물이라 인근에 있는 다른 건물들과 큰 차이가
없다. 그러나 안으로 들어가 보면 역사 전체가 철로 만들어져 모던한 느낌을 준
다. 플랫폼이 직선이 아니라 좀 구부러져있어 영화촬영을 위한 세트장 같은 느낌
도 든다. 직선으로 들어오는 기차보다 굽이져 들어오는 기차가 왠지 더 낭만적이
지 않은가. 프랑스어를 닮은 까딸루냐어로 나오는 안내방송 또한 이국적인 느낌
을 더해준다. 흰색 벽면에 걸린 시계가 밤 10시 30분을 가리키고 있다. 한 남자가
차가운 대리석 벤치에 앉아 쉭쉭거리는 기차소리를 들으며 백 년 전의 프란샤역
을 상상한다.

프란샤역 플랫폼 전경. 역사 전체가 철
구조물로 만들어져있고 또 플랫폼이
곡선으로 굽어져있어 모던해 보이고
낭만적이다.

안개 잔뜩 낀 겨울 아침이었으면 좋겠다. 짙은 안개가 플랫폼까지 엉금엉금 기어들어오고 천장을 때리는 빗소리가 온 플랫폼을 채웠으면 좋겠다. 여인은 웨이브진 머리에 검은 색의 긴 코트를 입고, 남자는 검은 코트를 입은 말쑥한 신사, 아니면 군인이거나 셔츠 윗 단추 몇 개 풀어 제친 바람둥이라면 더 좋겠다. 하얀 수증기를 내뿜는 기차를 배경으로 긴 입맞춤. 둘은 역 앞 호스텔에서 뜬 눈으로 밤을 새웠지만 이별은 아쉽다. 곧 돌아온다는 말을 수없이 나누었지만 부질없다는 것을 서로가 잘 알고 있다. 기차는 긴 기적을 울리며 떠날 준비를 한다. 제복을 입은 차장이 어서 기차에 오르라는 눈짓을 준다. 다시 긴 입맞춤. 아련한 바이올린 음악이 흐르고 여자만 남겨진 굽은 플랫폼을 따라 기차는 떠나간다.

지금 바르셀로나의 중앙역은 산츠**Sants**역이지만 산츠역이 생기기 전에는 이곳 프란샤역이 중앙역이었다. 스페인에서 산업혁명을 가장 먼저 받아들인 도시답게 스페인 최초의 철도가 놓인 곳이 바르셀로나였으며**1848. 10. 28, 바르셀로나–마따로 구간** 이후 히로나 피게레스를 거쳐 1878년 프랑스와의 국경 도시 뽀르또보우**Portobou**를 통해 프랑스 파리까지 연결되었다. 프란샤역은 처음에 바르셀로나 터미널이란 뜻을 가진 바르셀로나 떼르미노**Barcelona-Termino**였다. 그러나 프랑스로 오가는 기차가 출발하는 역이라 사람들에 의해 프란샤역으로 불리게 되었고 지금의 공식 명칭이 되었다.

프란샤역은 1929년 바르셀로나 국제박람회를 준비하면서 지금의 모습을 갖추게 되었다. 스페인 최초의 전기제어 신호체계를 갖추고 비상시 시속 40km 속도의 열차를 멈추게 할 수 있는 수압식 제동장치를 역사의 플랫폼에 설치하였다. 뿐만 아니라 화물운반을 위한 지하통로까지 있어 스페인 내전 때는 프랑코 측의 폭격을 피하기 위한 대피소로 사용되었다. 이로 인해 프랑코 측의 집중 폭격의 대상이 되었고 많은 피해를 입었다. 내전이 끝난 후에도 완벽하게 보수되지 않다가 1992년 바르셀로나 올림픽을 앞두고 본래의 아름다운 모습을 되찾게 된다.

산업혁명의 과실을 쫓아 수많은 노동자들이 프란샤역을 통해 들어오고 떠나

갔다. 그리고 스페인 내전과 내전 이후의 정치적 탄압을 피해 수많은 지식인들이 떠나가고 돌아온 역이라 바르셀로나 사람들에게는 애잔한 느낌을 주는 장소다. 현재 고속철도**AVE**를 비롯해 스페인 주요 도시로 향하는 대부분의 기차들은 산츠역에서 출발하지만 파리, 밀라노, 취리히 등지로 가는 기차들은 백년이 넘은 지금까지도 프란샤역을 통해서 떠나고 있다. 그리고 산츠역을 비롯한 바르셀로나 모든 역사들이 다 지하에 있으나 프란샤역만은 예외적으로 지상에서 이별과 만남을 지켜보고 있다.

알타이르 서점과 센뜨랄 서점

센뜨랄Central 책방 서점보다는 책방이라는 말이 더 잘 어울리는 곳이 있다. 발자국을 옮길 때마다 삐걱거리는 나무 바닥은 초칠한 옛날 초등학교의 나무 바닥을 떠올리게 한다. 나무서가에 가지런히 꽂혀있는 책들, 혹은 진열대에 가지런히 놓여있는 알록달록한 책들. 한 권씩 펼칠 때마다 책을 쓴 사람이 지새웠을 수많은 밤을 생각한다. 혼자 깨어있어야 했을 그 고독한 영혼을 생각한다. 새 책방에서 책 냄새가 난다는 것이 착각일 수도 있지만 하여간 책 냄새가 가득한, 미로처럼 굽어있는 서가를 따라 1890년대의 바르셀로나 뒷골목을 구경하기도 하고 1920년대 라발지구 카바레 바그다드 쇼걸의 도드라진 엉덩이를 훔쳐보기도 한다. 피카소의 젊은 시절을 넘겨보기도 하고 동물농장으로 유명한 영국 작가 조지 오웰이 숨어있던 천문대 건물을 찾아내기도 한다.

그렇게 각자의 공간에서 선택을 기다리고 있는 책들을 보면 소설가 까를로스 루이스 사폰의 《바람의 그림자》의 한 구절이 떠오른다.

"좋은 와인을 감촉, 향기, 점도, 수확연도 등에 따라 분류하듯이 책들도 그렇게 분류할 수 있지."

그것처럼 나도 책들을 하나씩 꺼내보며 감촉을 느끼고 향기를 맡고, 활자의 모양과 출판연도들을 확인해본다.

센뜨랄 책방은 라발지구의 가장 낭만적인 골목 가운데 하나인 엘리싸벳 길에 있다. 바깥에서 보기에는 낡은 창고의 입구처럼 보이지만 안으로 들어가면 모던함과 클래식함이 잘 어우러져 있다. 책보다 사람이 더 많은 교보문고 스타일의 서점에 익숙해진 사람이라면 이곳의 한적함이 좀 낯설지도 모르겠다. 탁한 공기 때문인지 잠시만 서 있어도 피곤해지는 한국의 서점들과 달리 이곳에서는 몇 시간을 있어도 피곤하지가 않다. 서점의 한쪽 귀퉁이에 퍼져 앉거나 짝다리로 기대서서 책장을 넘기는 동안 어느 누구의 방해도 없다.

삐걱거리는 나무 바닥을 밟으며 조금 더 안쪽으로 들어가면 '저자와의 대화'나 '시낭송회' 같은 것을 진행하는 작은 지하공간이 있다. 역시 나무로 된 계단을 따라 그곳으로 내려가 본다.

지하 납골당 같은 그곳에는 몇 권의 떨이용 책들이 정리되지 않은 채 놓여있다. 이 사람들은 사람의 감성을 자극할 줄 안다. 어떤 책을 어떻게 놓고 어떤 음악을 틀어두어야 하는지를 안다. 나는 이곳에 갈 때마다 내 감성이 자극됨을 느낀다. 그렇게 한 권씩 사들인 책이 내 방 책꽂이에 가득하다. 책방도 훌륭한 관광 포인트가 될 수 있는 바르셀로나. 한국의 도시에는 볼거리가 없다는 말을 이제는 안했으면 좋겠다.

알따이르Altar 서점 이곳에 오면 언제나 설렌다. 여행을 준비하는 사람 혹은 지난 여행의 기억을 되새기고 싶어서 온 사람들이 서성이는 곳. 여기에 오면 누구나 다 '떠남'을 생각한다. 나무색 바닥과 따뜻한 톤의 조명, 그리고 이국적인 음악들로 가득한 이곳은 여행을 좋아하는 사람들에게는 보물과도 같은 곳이다. 중앙에 마련된 소파는 보기만 해도 편안하고 서가 옆에 놓인 조그만 의자들 역시 사람에 대한 배려를 느끼게 해준다. 푹신한 소파에 앉아 책을 읽으면 마치 거실 소파에서 책을 읽는 것 같은 기분이 든다. 지구촌 모든 곳의 여행, 지리, 역사, 문화 관련 책자는 물론이고 정말 정교하게 잘 만든 각종 지구본과 불빛 나는 지도, 실용성을 중시한 다양한 배낭과 가방들, 그리고 나침반과 같은 여행과 관계된 물건들이 서가 사이에 군데군데 놓여있다. 사람들은 진지한 표정으로 몽고 고원, 아프리카 오지, 페루의 마추픽추, 그리고 미얀마 정글까지 지구 저편의 세계를 진지한 표정으로 구경한다. 이곳에 오면 콜럼버스가 생각난다.

1979년에 문을 연 알따이르는 단순히 책을 파는 공간이 아닌 문화와 사람을 만나는 공간을 추구하는 유럽 최대의 여행 전문 서점이다. 그리고 알따이르는 서점 이상의 서점이다. 사람들끼리 여행과 관련된 지식과 경험을 공유하고 미지의 세계에 대한 새로운 프로젝트를 구상하는 등 여행과 관련된 새로운 개념의 공간을 제공한다. 또한 '알따이르'라는 이름의 부정기 잡지를 발간하는데, 잘 알려진 도시보다는 노스탤지어를 자극하는 도시 위주로 알따이르 특유의 낭만적인 톤으로 기술하고 있다. 일반 가이드북과는 좀 다른 시각으로 세계 각지의 사람들이 사는 모습을 이야기 하고 있어 은근히 많은 독자층을 가지고 있다. 잘 알려진 곳은 물론이고 숨어있는 오지들, 삶의 원형이 보존되어 있는 곳들에 대한 이야기들로 가득한 이 시리즈는 이미 칠십 권이 발간되었다. 서점 입구에는 오지 여행에 대한 정보 교환과 동행을 구한다는 개인 광고 글이 붙은 게시판이 있다. 아시아 쪽으로는 미얀마, 네팔 등 문명의 때가 덜 묻은 나라의 동행을 구하는 이들이 많은 편이다. 특이하게도 북한 여행에 관한 여행사 광고 전단도 있다. 이곳 바르셀로나에서 심리적으로는 아프리카 오지보다도 더 멀리 있는 북한에 대한 안내 전단을 보니 기분이 묘하다. 세상에서 가장 닫혀있는 곳, 북한. 그래서 이곳의 오지여행 마니아들에게는 가보고 싶은 나라 중 하나가 되는가 보다. 언젠가 북한이 열리는 날이 오면 북한과 한국, 그리고 중국의 연변, 용정 이런 곳들을 묶어 관광 상품으로 개발하면 좋을 것 같다는 생각을 해본다.

알따이르는 독수리자리의 견우성을 말한다. 은하수를 사이에 두고 거문고자리의 직녀성과 만난다는. 그러니까 이곳 서점이름이 '견우서점'인 셈이다. 서점 이름 참 잘 지었다. 미지의 세계에 대한 이야기도 있는 것 같고 견우와 직녀에 대한 로맨틱함도 있고 또 알따이르라는 단어 자체도 이국적이라 서점 분위기와 아주 잘 맞는다. 좋은 스피커로 흘러나오는 제3세계 비주류 음악을 들으며 지구촌 곳곳에 대한 책을 구경하는 것만으로 좋은 여행이 된다. 더구나 까딸루냐 광장에서 걸어 오 분 거리여서 하루 일정이 끝날 때 이곳에 들러 다음 여행지에 관한 책을 읽어보는 것도 좋겠다.

알따이르 서점에서 느낀 한 가지는, 스페인 사람들에게 태국, 인도네시아는 물론이고 미얀마, 베트남 등은 이국적인 여행지로 인기가 있지만 한국은 아직 그렇지 않다는 것이다. 역사적인 흥밋거리도 휴양적인 성격도 문화가 살아있는 듯한 느낌도 없는, 어쩌면 지구상에서 가장 흥미 없는 여행지가 아닐까 하는 생각이 드는 것은 나만의 생각일까. 세계 속에서의 관광한국은 아직 멀어도 한참은 먼 것 같다.

barcelona

그란비아 거리에 있는 알따이르 서점.
나는 이곳에 갈 때마다 내 감성이 자극됨을
느낀다. 내 글에 대한 생각이 막혔을 때
이곳에 가면 뚫리는 느낌이다.

ASTURIES
VERDI
RAMON Y CAJAL
DIAGONAL
M
GRACIA
GRAN VIA

아침 먹고 산책하듯이 갈 수 있는 곳에 도서관이 있다.

앉고 싶을 때 의자가 있고 건너고 싶을 때 언제나 횡단보도가 있다.

쓰레기통은 30미터 간격으로 있으며
시내 곳곳에 공공수도가 있다.

버스표 한 장이면 세상에서 가장 아름다운 해변 중 하나인
바르셀로나 해변에 갈 수 있고,

수영복 한 벌이면 그 바다에서 하루를 보낼 수 있다.

바르셀로나는 사람을 위한 도시다.

수백 년에 걸친 사람에 대한 생각들이 기분 좋게 쌓여있는 도시다.

barcelona

산책하듯이 갈 수 있는 동네 도서관

산책하듯이 갈 수 있는 동네 도서관

도서관의 사전적인 의미는 '모든 종류의 자료를 모아두고 사람들이 볼 수 있도록 하는 장소'다. 조금 더 부연하자면 '누구나가 쉽고 편안하게 원하는 모든 자료를 볼 수 있는 곳'으로 정의할 수 있다.

내가 다녀본 바르셀로나 도서관들은 그런 면에서 진정한 도서관이라 할 수 있다. 나는 여기에 '동네'라는 수식어를 붙인다. 동네 사람들이 산책하듯이 찾아와서 신문, 잡지, 음악, 영화, 인터넷은 물론이고 원하는 대부분의 전문서적까지 마음대로 열람하거나 빌릴 수 있는 곳이 바르셀로나 동네 도서관이다.

바르셀로나 곳곳에 총 서른여섯 군데의 도서관이 있는데 대부분 주민들이 사는 곳에서 걸어서 갈 수 있는 곳에 있다. 바르셀로나 시청에서 발표한 통계를 보면 도서관 보유 서적은 시민 한 사람당 약 1.2권 꼴이고 도서관에 투자한 예산은 1억 유로 이상이다. 시민의 45% 이상이 도서관 카드를 가지고 있으며 매일 2만 명 이상이 도서관을 찾고 있다고 한다.

바르셀로나 도서관들은 전부 개가식으로 도서카드가 없어도 누구나 자유롭게 들어가서 이용할 수 있다. 자료를 대출할 때만 도서카드가 필요하고 출입하거나 도서관 내에서 열람하는 경우에는 아무런 사전 등록이 필요 없다. 따라서 도서카드가 없는 관광객들도 도서관 내에서는 아무 제약 없이 모든 자료를 볼 수 있다.

모든 도서관에 컴퓨터가 설치되어 있을 뿐 아니라 무선접속포트가 있어 무선 인터넷은 무료로 사용할 수 있다. 열람공간은 넉넉해 자리가 없어 이용을 못하고 돌아가는 경우는 없다. 아울러 열람석 대부분은 빛이 잘 들어오는 창가에 자리하고 있어 몇 시간이고 책만 보아도 눈이 피곤하지 않다.

시간이 많은 노인들에게 도서관은 놀이터다. 많은 노인들이 매일 도서관에 와서 모든 종류의 일간신문을 다 읽고 모든 종류의 잡지를 다 본다. 그러다가 잠이 오면 잠깐의 낮잠을 자기도 하고 심심하면 공원에 나가 빠땅가**Patanga, 구슬치기 게임**를 하기도 한다.

그라씨아 지구의 하우메 푸스떼르 도서관

구웰 공원 가는 길 부근에 레쎕스**Lesseps** 광장이 있다. 그 광장에 있는 그라씨아 지역 동네도서관 하우메 푸스떼르**Jaume Fuster**는 건축적인 면에서나 도서관 본연의 기능적인 면을 생각할 때나 사람들의 관심을 끌기에 충분하다. 2006년에 발렌시아 출신인 조셉 안또니 이나스 이 까르모나**Josep Antoni Llins i Carmona**가 건축한 도서관으로 건축을 전공하는 학생들은 꼭 들르는 곳이다. 도서관은 목재와 유리를 잘 사용하여 지어졌는데 마치 큰 새가 내려앉는 듯한 형상이다. 바깥에서는 안이 환히 보이고 안에서는 바깥이 또 환히 보인다. 1층의 신문 잡지 열람실에는 동네 할아버지들이 다 모여 있는 듯하다. 열람실에 앉으면 바깥으로 지나가는 차들과 사람들이 다 보인다. 뭐랄까 소리만 사라진 풍경이랄까. 광화문 한복판 방음 잘되는 유리 구조물 안에 앉아있는 기분이 이렇지 않을까. 보아하니 신문이나 잡지를 읽는 사람들만 있는 것은 아니다. 집이 없이 떠돌아다니는 노숙자 몇 명도 쉬고 있다. 따뜻하고 조용한, 이곳보다 더 쉬기 좋은 곳이 어디 있을까. 그러고 보니 입구에 주차해놓은 수레들은 이 사람들 것이었나 보다. 이층에는 서가와 일반 열람실이 있다. 대부분의 자리들이 창을 끼고 있어 책읽기에 좋다. 특히 그중 어떤 한자리는 전면과 양 옆면이 유리로 되어있어 마치 비행기 조종석에 앉아있는 듯한 기분이 들 만한 자리도 있다. 깨끗한 건물, 깨끗한 공기, 자연스런 채광으로 인한 편안함. 하우메 푸스떼르 도서관을 나오며 이런 도서관을 동네 도서관으로 가진 바르셀로나 시민이 부럽다는 생각을 새삼 하게 된다.

도서관 앞은 학교가 끝난 아이들이 노는 소리로 시끄럽다. 자전거 타는 아이, 공놀이 하는 아이, 뛰는 아이들. 그리고 그 한편 까페떼리아에서는 부모들이 커피를 마시며 수다를 떨고 있다. 도서관 앞이니까 조용히 하라는 사람도 없다. 경계와 구분이 없고 모든 것이 자연스럽다. 도서관이 생활 속에 아주 깊숙이 들어와 있다.

라발지구의 산따 끄레우 도서관

1400년대 초반부터 라발지구 까르멘 길과 오스삐딸 길 사이에 산따 끄레우 병원이 있었다. 1926년 전차에 치인 가우디가 숨을 거둔 곳으로 잘 알려져 있다. 산업화로 인해 외부에서 온 이주민들이 점점 늘어나게 되자 병원시설이 부족해지고 결국 1930년에 사그라다 파밀리아 근처 현재의 상 파우 병원 자리에 새로운 병원을 지어 옮겨간다. 그리고 옮겨가고 난 병원 자리 일부를 라발지구 동네 도서관인 산따 끄레우^{Santa Creu}도서관으로 활용하고 있다.

이 도서관은 1400년대 고딕건물을 그대로 사용한 것이니 도서관에 들어오면 오래된 동굴 속에 들어온 것 같은 느낌이 든다. 돌로 된 동굴 같은 도서관에는 책장이 있고 책상이 있고 그리고 책이 있다. 다른 아무 장식도 없다. 여행객이라고 들어가는데 제한이 있는 것도 아니고 그냥 들어가서 원하는 책을 찾아 읽고 난 후 서가에 꽂아두고 나오면 된다. 아무래도 지역이 지역인지라 인근에 사는 파키스탄, 필리핀, 중국인들이 많이 보인다. 그래서 그라씨아 지구에 있는 하우메 푸스떼르 도서관과는 분위기가 확연히 다르다. 도서관 한쪽에는 아예 아랍어로 쓰인 책들만 따로 꽂혀있는 서가도 있다. 이처럼 라발지구에 오면 이민자들에 대한 배려를 곳곳에서 볼 수 있다. 적어도 라발지구 내에서는 이민자들은 이민자들이 아니다. 이곳 이외에도 바르셀로나 거리를 걷다보면 크고 작은 도서관을 많이 만난다. 환한 창으로 보이는 책 읽는 시민들의 모습은 언제보아도 아름답고 괜히 마음이 따뜻해진다.

바르셀로나 도서관은 시민은 물론이고 관광객들도 아무나 들어갈 수 있다. 신문 잡지 열람실에 앉아 잡지를 뒤적이며 잠시 쉴 수도 있고 화장실을 이용할 수도 있다. 필요한 것을 필요한 곳에 있게 해주는 배려야말로 살기 좋은 도시의 기본적인 조건이 아닐까. 그런 의미에서 우리나라 도시들도 바르셀로나 동네 도서관을 배웠으면 좋겠다. 우리나라 동네 도서관들도 공인중개사 시험공부를 준비하는 장소 이상의 역할을 했으면 좋겠다.

          barcelona

동네 어디서나 걸어서 갈 수 있는 곳에
도서관이 있다. 도서관은 바로셀로나에서
산책하러 가듯이 편안한 마음으로 갈 수
있는 곳이다.

사람을 먼저 생각하는 도시

사람을 먼저 생각하는 도시

시민의 편의를 최우선으로

바르셀로나의 버스들은 노약자나 장애인이 탈 때면 버스 전체가 인도 쪽으로 기울어져 그들이 좀더 쉽게 버스에 오를 수 있도록 한다. 휠체어를 이용하는 승객이 있는 경우에는 버스 중앙에 있는 문에서 인도까지 발판이 펼쳐져 나와 휠체어 사용자 혼자서도 버스에 오를 수 있다. 장소가 협소한 일부 버스정거장을 제외하고는 의자들이 설치되어 있으며, 장소가 협소해서 의자를 둘 수 없는 버스정거장에도 노인들이 기댈 수 있도록 간이 등받이가 설치되어 있다. 최근에는 앞을 잘 못 보는 사람을 위해 최근 모든 버스정거장마다 요철이 된 가이드 발판을 설치했다. 시내를 걷다가 다리가 아플 때 주위를 살펴보면 항상 벤치가 있는데 어떤 경우에는 사람보다 벤치가 더 많은 것 같다. 바르셀로나에 살면서 앉고 싶었을 때 자리가 없어 앉지 못한 경우는 한 번도 없었다.

길을 건너려고 할 때 적어도 앞 또는 뒤 30m 내에 건널목이 있다. 보행자 입장에서 볼 때 불편한 지하도 육교 이런 것은 없다. 도로체계와 신호체계는 항상 보행자 우선이라 걸어갈 때 뭔가 걸린다는 느낌이 없다. 각 건널목간 보행자 신호가 연동되어 있어 한번 초록 신호를 받으면 다음부터는 계속해서 초록이다. 가우디 길이나 그라씨아**Gracia**길에서 한번 확인해 보시라.

길거리 곳곳에 무료 수도가 있다. 노숙자들이나, 극소수이긴 하지만 생수를 살 형편이 안 되는 사람들을 위한 배려가 아닐까. 씻는 것이 금지되어 있긴 하겠지만 가끔씩 노숙자들이 씻는 모습도 볼 수 있다.

한국처럼 공중화장실이 흔하지 않지만 예외적으로 노숙자들이 많이 모이는 곳에는 관리인까지 둔 공공화장실을 설치해두고 있다. 노상방뇨를 못하게 하는 것보다는 아예 화장실을 설치해두는 것이 더 효과적이라는 것을 이 사람들은 알고 있다. 모든 길에는 유모차나 휠체어가 쉽게 지나갈 수 있도록 턱을 깎아 두었다. 먹고 난 아이스크림 껍질을 들고 다닐 필요가 없다. 주위 10m 내에 언제나 쓰레기통이 있으니까. 나는 지금까지 이렇게 쓰레기통이 많은 도시를 보지 못했다.

흔히 인도를 좁히고 차도를 넓히는 공사를 하기 마련인데 바르셀로나에서는 인도를 넓히고 차도를 좁히는 공사를 한다. 건물이나 시설물 철거 후 잠시 동안이라도 빈 공간이 생기면 벤치를 설치하여 시민들의 휴식공간으로 활용한다. 바르셀로나 어느 지역이라도 걸어서 갈 수 있는 동네도서관이 있고 바르셀로나 시내 사백 군데에 무선인터넷 접속 포트를 설치하여 누구나 무료로 인터넷에 접속할 수 있도록 하고 있다. 대부분의 공원에는 아이들 놀이터와 노인들의 놀이공간이 꼭 설치되어 있다.

길 곳곳에 자전거를 세워둘 수 있는 거치대가 있고, 공간이 협소한 곳에는 일반 개인 건물의 벽면에 설치해두기도 하였다. 지하철이나 버스에는 서서 가는 사람들이 기댈 수 있도록 엉덩이 받침대를 설치해두고 있다. 구엘 공원 뒤편, 몬주익 까딸루냐 국립미술관 올라가는 곳 등 고지대에는 노천 에스컬레이터를 설치해 일 년 삼백육십오일 운행한다. 해변 백사장에는 무료 샤워기가 설치되어 있다. 이민자 가정을 포함한 모든 가정의 열두 살 이하 어린이에게는 무료 버스 지하철 표가 지급된다. 길모퉁이 건물의 보기 싫은 콘크리트 벽면에는 디자인이 가미된 그림이나 조형물을 설치해서 도시의 보기 싫었던 회색 공간조차 예술이 넘치는 공간으로 만든다. 얼마나 많은 자전거 도로가 있는지, 그리고 얼마나 많은 조깅로가 있는지. 바르셀로나는 사람을 먼저 생각하는 도시다. 바르셀로나는 시민의 편의를 위해 항상 뭔가를 생각하는 도시다.

구석구석 공원이 있는 녹색 도시

바르셀로나에는 시청에서 공식적으로 관리하고 있는 공원만 67개가 있다. 이 외에도 공원 규모는 아니지만 약 700군데의 어린이 놀이터와 120군데의 애완동물 놀이터가 있다. 시내 여기저기에 흩어져있는 크고 작은 12개의 시영 농장에서 공원이나 정원 등 바르셀로나 시에서 필요한 나무들을 공급해주고 있다.

공원 중에는 우리에게 잘 알려진 가우디의 구엘 공원도 있고 한때 하얀 코끼리로 유명했던 시우따데야 공원도 있다. 그러나 규모가 있는 공식적인 공원 말고 길모퉁이나 자투리땅 등에 있는 조그만 정원 규모의 녹지공간은 셀 수 없을 정도로 많다. 공원과 거리 곳곳에 약 15만 5천 그루의 나무들이 있어 바르셀로나를 녹색도시로 만들고 있다. 하지만 아쉽게도 짧은 일정의 여행객들에게는 바르셀로나의 공원들이 눈에 잘 띄지 않는 것이 사실이다. 구웰 공원은 관광객들이 반드시 방문하는 곳이니 예외지만 하얀 코끼리로 잘 알려진 시우따데야 공원이나 몬주익에 있는 하르딘 보따니꼬Jardin Botanico는 도심에서 아주 가까운 곳에 있지만 짧은 일정의 여행객이 지나가는 동선에 들어있지 않아 모르고 지나치기 쉽다.

FC바르셀로나 축구장 근처에 마떼르니달Maternidad 공원이 있는데 길에서 보면 공원처럼 보이지 않는다. 길에서 오픈된 것이 아니라 건물과 울타리로 둘러싸여 있기 때문에 관광객에겐 그냥 담 안의 큰 정원이나 저택 정도로 보이는 것이다. 이렇듯이 큰 길에서는 보이지 않는 골목길 안쪽, 건물들의 뒤편에는 바르셀로나 시민들이 일상적으로 이용하는 수많은 공원과 정원이 널려있다. 바르셀로나가 항상 쾌적한 느낌을 주는 것은 지중해를 향해 활짝 열려있기 때문이지만 도시 곳곳에 크고 작은 공원이 수없이 많아 이들이 도시의 허파역할을 충실히 하는 것이 더 큰 이유가 아닐까.

바르셀로나 공원은 시민과 관광객 모두에게 활짝 열려있는 휴식의 장소다. 바르셀로나 어느 곳에 살고 있더라도 집에서 조금만 걸어가면 아주 잘 정돈된 공원을 만날 수 있다. 공원은 아이들의 놀이터며, 아이들이 노는 동안엔 그 부모들의 독서 장소다. 은퇴한 노인들이 끼리끼리 모여 구슬치기 게임을 하거나 잡담을 나누는 모습도 흔히 볼 수 있는 풍경이다. 유모차를 끌고 산책하는 일이나 개를 데리고 산책하는 일, 햇볕 좋은 벤치에 누워 낮잠을 자는 일, 걷거나 뛰거나 자전거를 타는 일, 거리 옆 조그만 공원의 벤치에서 도시락을 먹는 일 등, 이 모든 일들이 공원과 정원들이 만드는 푸름 때문에 가능한 일일 것이다.

바르셀로나는 가우디의 건물만으로 만들어지는 것이 아니다. 사람을 편안하

238   barcelona

바르셀로나는 아주 작은 편안함들이 모여 큰
편안함을 만든다. 앉고 싶을 때 앉을 수 있고
건너고 싶을 때 건널 수 있고 버리고 싶을 때 버릴 수
있는 것, 거기에서 편안함이 온다.

게 하는 수많은 것들이 모여 바르셀로나를 살기 좋은 도시로 만들고 있다. 무엇보다 먼저 사람의 삶을 생각하고 사람의 삶을 향상시키는 것에 최우선적으로 투자를 한다. 나무 한 그루를 심는 것, 공원을 만들고 가꾸는 것, 해변을 단장하고 관리하는 것은 다른 어떤 것에 비해 우선적으로 투자를 한다. 그러한 노력이 모여 여행칼럼니스트 사이에서 바르셀로나가 세계에서 가장 가고 싶은 도시 1위로 뽑힐 수 있었을 것이다. 바르셀로나는 시민 누구나 정원을 갖고 있는 도시다.

벤치의 방향은 누가 정할까?

걷다가 다리가 아파 주위를 돌아보면 꼭 벤치가 있다. 바르셀로나처럼 공공 벤치가 많은 도시가 또 있을까, 싶을 정도이다. 본연의 목적에 충실하도록 위치도 꼭 필요한 곳에, 꼭 필요한 모습으로 있다. 까딸루냐 광장에서 람블라스 길로 들어서면 까날레따스 수도 부근 양 길가에 많은 벤치가 있다. 두 명이 앉을 수 있는 것도 있고 혼자 앉을 수 있는 것도 있는데 흥미로운 것은 그 방향이 조금씩 다르다는 것이다. 어떤 것은 까딸루냐 광장 쪽으로 향해져 있고 또 어떤 것은 그 반대쪽으로 향해져 있다. 처음에는 방향이 제각각인 벤치들을 보고 사람들이 자신이 앉고 싶은 방향으로 돌려놓은 줄 알았다. 나중에 알고 보니 벤치의 방향은 설치할 때부터 각각의 방향이 정해져 고정되어 있었고 시민들은 단지 자신이 바라보고 싶은 방향으로 놓인 벤치를 선택하여 앉는 것이다. 그것은 바닷가에서도 마찬가지다. 어떤 것은 바다를 향하고 있고 어떤 것은 바다를 등지고 있다. 시민들 자신이 앉고 싶은 방향을 선택할 수 있다는 것, 이 얼마나 인간적이고 낭만적인가.

나는 벤치에 앉을 때마다 벤치에서 보이는 부분이 어디인지 유심히 살펴본다. 그리고 한 벤치에만 앉아보는 것이 아니라 어떤 생각으로 벤치의 방향을 정했을까를 알기 위해서 근처의 서로 다른 방향의 벤치에 모두 앉아본다. 이곳에 사는 사 년 동안 바르셀로나의 수많은 벤치에 앉아보고 난 후 내린 결론은 벤치를 설치하는 것은 단순히 벤치 하나만 생각하는 것이 아니라 장소가 가진 의미, 해가 비추는 모양, 바람의 방향, 주위 경관, 벤치에 앉았을 때 옆 벤치에 앉은 사람과의 시선과 커뮤니케이션 등 정말 많은 것을 생각한다는 것이다. 바르셀로나에서 좋은 것 중 하나를 꼽으라면 벤치에 앉아 세상이 흘러가는 풍경을 보는 것이다. 그러면 과연 누가 벤치의 방향을 정하는 것일까. 시청 공무원, 공사업체, 무슨 위원회, 시민 대표……. 항상 그런 것은 아니지만 일반적으로는 공모를 통해 정한다. 시에서 특정 장소에 벤치를 설치할 필요성이 생기면 그 개요와 예산 등을 담은 내용을 공표하고 공사업체 또는 설계사무소 등에서 도면을 그려 제출하게 되고 그중에서 제일 좋은 것을 선정하는 방식으로 추진한다.

공사업체 또는 설계사무소들은 단순히 벤치 몇 개 설치하는 공사라고 생각하는 것이 아니라 주위 환경과의 조화, 벤치에 앉은 사람들 간의 커뮤니케이션 등 여러 요소를 고려하여 설계를 하는데 그동안 축적되어 온 시민들의 눈높이를 무시하는 설계는 있을 수가 없다. 이런 점에서 볼 때 결국 벤치의 방향을 정하는 것은 시민이 아닐까. 벤치는 단순히 어떤 장소를 꾸미는 데커레이션이 아니라 '앉는다는 것', '앉아서 쉰다는 것', '앉아서 어떤 것을 본다는 것', '앉아서 커뮤니케이션 한다는 것' 등을 복합적으로 고려한 일종의 창조적인 프로젝트라고 할 수 있다. 그리고 유심히 보면 등나무 모양을 가진 것부터 직각의 돌로 만든 것까지 참 다양한 형식의 벤치가 있다. 보기에는 딱딱해 보이는 것들도 실제로 앉아보면 참 편하다. 그리고 새로 설치되는 벤치들을 보면 진화한다는 것을 알 수 있다. 아르꼬 데 뜨리움포**Arco de Triumfo**, 개선문 근처 빠세이그 데 산 조안**Passeig de San Joan** 길에 가보면 최근에 설치된 벤치들이 있는데, 심플하면서도 자연친화적인 느낌을 준다.

바르셀로나에서는 벤치의 방향만 다른 것이 아니다. 가로등의 모양도 보도블록의 문양도 다르다. 건물들의 외벽 마감 재료와 모양, 발코니 형태 등이 다르다. 가우디 건축물들을 비롯한 모더니즘 건축물들이야 말할 것도 없고 이름이 알려지지 않은 건축물 역시 모양이 다 다르다. 버스를 타고 디아고날 길을 한번 지나가보라. 모양이 비슷한 건물은 단 하나도 없다는 것을 알 수 있다.

 barcelona

바르셀로나에서 벤치는 단순히 앉는 곳만이
아니다. 장소가 가진 의미, 해가 비추는 방향,
바람의 방향, 주위 경관, 옆 사람들과의
시선까지 고려한다. 이 얼마나 인간적인가.

추억을 쇼핑하는 공간, 도심 속 재래시장

바르셀로나를 찾는 관광객이라면 누구나 몇 번쯤은 걷게 되는 람블라스 길 바로 옆에 보께리아 시장과 같이 큰 재래시장이 있다는 것에 놀란다. 그리고 그 시장은 관광객만을 위한 시장이 아니라 바르셀로나 시민들이 일상적으로 이용하는 시장이라는 것에 또 한번 더 놀란다. 어릴 때 부모님의 손을 잡고 가던 시장이 어른이 되어서도 그 모습 그대로 존재하고 있다면 시장은 단순히 물건을 사고파는 장소만은 아닐 것이다.

시장은 도시를 방문하는 사람들에게 그 도시가 가진 삶의 향기와 모습을 있는 그대로 보여주는 좋은 장소다. 아무리 훌륭한 건축물이나 유적지라도 그것은 정지되어 있다. 처음 본 순간 감탄할 수 있겠지만 그 감탄이 그리 오래가지는 않는다. 그러나 시장은 다르다. 끊임없이 움직이는, 살아있는 곳이다. 그래서 시장은 사람들이 살아가는 모습과 향기를 고스란히 느낄 수 있는 언제나 살아있는 곳이다.

람블라스 길을 거쳐 보께리아 시장에 들어서는 순간 사람들은 보께리아 시장의 화려한 색깔에 탄성을 지른다. 온갖 과일과 채소들, 초콜릿과 사탕, 불량식품 스타일의 온갖 젤리와 과자들 앞에서 사진기를 꺼내들지 않을 수 없다. 안쪽으로 들어가면서 혀, 내장, 선지, 골 등 가축의 모든 부위를 파는 정육점들, 고등어부터 광어까지 한국에서 볼 수 있는 모든 종류의 해산물을 파는 어물전까지. 보께리아 시장은 청과시장과 수산시장, 그리고 정육시장까지 모두 합쳐 놓은 곳이다.

바르셀로나에는 보께리아 시장만 있는 것이 아니다. 곳곳에 서른아홉 개의 식료품 시장과 네 개의 잡화시장이 있다. 산안토니 시장이나 오르따프란샤 시장과 같이 1880년대에 생긴 것에서부터 비교적 최근에 생긴 것들까지 그 지역의 먹을거리 공급원이 되고 있다.

시장마다 그 규모는 다르지만 구성이나 운영형태는 동일하다. 시장의 소유와 관리 주체는 바르셀로나 시청이고 입주상인들은 단지 이용권만 있을 뿐이다. 다시 말해 상인과 시청간의 계약을 통해 정해진 면적을 이용하는 것이다. 특별한 일이 없으면 재계약에 대한 우선권이 기존 상인에게 있으므로 외부에서 보기에는 마치 상인이 가게를 소유하고 있는 것처럼 보인다. 물론 개인 간에 가게의 권리운영권를 사고 팔 수 있는데 반드시 시청의 승인을 얻어야 한다.

바르셀로나 재래시장을 보면서 한국의 재래시장을 생각해본다. 무엇이 다르고 무엇이 같은가. 우선 바르셀로나 시장들은 접근성이 굉장히 좋다는 점에서 한국과 다르다. 바르셀로나가 보행자를 가장 우선하는 도시인 탓도 있지만 시장에 오는 사람들 대부분은 대중교통을 이용해서 온다. 따라서 시장주변에 주차난도 없고, 길거리에 늘어선 좌판들도 없다. 상인들은 시장 안 또는 시장 바깥 벽면에 붙어있는 가게에서만 장사를 하므로 언제나 정리된 느낌을 준다. 그리고 시장 바닥에 물 같은 것이 없다. 해산물을 파는 가게들이 물을 사용하지만 가게 안에서 다 해결되고 물이 바깥으로 나오지 않는다.

접근성, 쾌적함. 이 두 가지가 한국 재래시장에서 가장 필요한 것이 아닐까. 접근성이란 꼭 지리적인 것만을 의미하는 것은 아니다. 차에서 내려 시장까지 들어가기 위한 과정의 접근성도 있다. 최근에는 집근처에 조그만 슈퍼마켓, 그리고 정육점과 어물전들이 많이 생겨나고 있지만 여전히 많은 사람들이 굳이 시장을 이용한다.

바르셀로나 사람들에게 왜 시장을 이용하냐고 물어보면, 물건들이 신선하고 싱싱한 이유도 있지만 시장에서만 느낄 수 있는 활기가 좋아서 찾는다고 한다. 그리고 시장에서는 물건만 사는 것이 아니라 아스라한 유년의 추억들, 가난했지만 아름다웠던 시절을 회상할 수 있어서 찾는다고 한다. 그리고 내 이야기를 할 수 있고 다른 사람의 이야기를 들을 수 있어 찾는다고 한다. 바르셀로나 재래시장들을 보면서 시장이란 물건을 사는 곳이 아니라 사람을 만나는 곳이 아닐까, 라는 생각을 해본다.

Jose M
FRUITES I VER

람블라스 길을 거쳐 보께리아 시장에 들어서는
순간 화려한 색깔에 탄성을 지른다.
온갖 과일들과 채소들, 초콜릿과 사탕,
불량식품 스타일의 온갖 젤리와 과자들 앞에서
사진기를 꺼내들지 않을 수 없다.

버스표, 수영복만으로 지중해 즐기기

버스표, 수영복만으로 지중해 즐기기

내 고향은 부산이다. 바다가 보이는 남부민동 산기슭에서 태어나 그곳에서 유년을 보내면서 여름이면 송도해수욕장에 해수욕하러 다니곤 했다. 수영복만 입고 발이 데일 정도로 뜨끈한 아스팔트길을 털레털레 걸어가면 바다에 들어갈 수 있었다. 계획도 필요 없고 돈도 필요 없었다. 그때는 그랬다.

바르셀로나 해변에서 수영하는 것이 그렇다. 다른 것이 있다면 걸어가는 대신 버스를 타고 가는 것 정도. 집에서 버스 한 번 타면 바다로 가고, 백사장에서 큰 타월로 적당히 몸을 가린 후 수영복을 갈아입고 물에 들어가면 된다. 그렇게 첨벙이며 놀다가 백사장 한편에 설치된 노천 샤워기에서 샤워하고, 다시 타월로 가린 후 옷을 갈아입고 버스 타고 집에 오면 된다. 돈이 크게 들일도 없고 사전에 계획할 것도 없다. 어릴 때 남부민동에 살 때 그랬던 것처럼 집에 있다가 생각나면 동네 산책하듯이 갈 수 있는 곳이 바르셀로나 해변이다. 맑고 깨끗한 지중해 해변에서 수영하는 데 필요한 것은 오직 버스표 한 장과 수영복 한 벌뿐이다. 이용하는 사람 입장에서는 굳이 바르셀로나 해수욕장의 이름을 구분할 필요는 없지만 행정적으로는 여덟 개로 이루어져 있다. 2010년 가을에 오픈한 반달형의 W호텔이 있는 곳에서부터 산 세바스띠아**San Sebastia**, 바르셀로네따**Barceloneta**, 노바 이까리아**Nova Icaria**, 보가뗄**Bogatell**, 마르베야**Mar Bella**, 노바 마르 베야**Nova Mar Bella**, 레반뜨**Llevant** 등이 순서대로 있으며 마지막에는 방파제로만 된 쏘나 데 바뇨스 포룸**Zona de Baños Frum**이 최근에 조성되었다. 이중 여행객들에게 가장 잘 알려진 곳이 바르셀로네따**Barceloneta**인데 바르셀로네따 동네 앞에 위치한다고 해서 붙여진 이름이다. 그러나 바르셀로나 시민들에게는 산 세바스띠아**San Sebastia**가 가장 오래되었고 그래서 더 일상적인 해수욕장이다.

바르셀로나 해수욕장에서 토플리스 차림을 보는 것은 어렵지 않다. 특히 W호텔이 있는 산 세바스띠아 쪽에서는 누드 족들도 심심치 않게 볼 수 있다. 게이들이 좋아하는 도시답게, 게이들끼리 진한 애정표현을 하며 백사장에 누워있는 광경도 쉽게 볼 수 있다. 바르셀로나라는 큰 도시를 끼고 있는 해수욕장이라 발 디딜 틈이 없이 복잡할 것 같지만 해운대나 경포대처럼 사람에 치일 정도는 아니다.

파라솔과 비치의자를 빌리는 비용이 비싸지 않을뿐더러 좀 일찍 가면 바다 바로 앞 라인에 자리를 잡고 지중해를 앞마당 삼아 하루 종일 놀 수 있다. 파라솔(5유로)이 있으니 햇볕 걱정도 없고 비치의자(6유로)가 있으니 편안하게 책도 읽고 곤한 낮잠도 잘 수 있다. 음료수 등 필요한 것들은 근처 슈퍼나 백사장을 오가는 상인을 이용하면 된다. 외국인들은 중국 마사지사들의 안마 서비스를 받기도 한다.

어스름 저녁이 오면 해수욕장 주변은 행복한 산책로로 변한다. 열대야가 거의 없는 바르셀로나에서는 아무리 더운 날도 해가 지고나면 선선한 바람이 불어 시원하다. 백사장 앞 산책로를 걸으며 주로 흑인들이 만들어놓은 사그라다 파밀리아, 몬세라트와 같은 정말 잘 만든 모래조형물들을 구경할 수 있고 백사장 한편에 앉아 젊은 친구들이 기타를 치며 노는 모습을 지켜보기도 한다. 어떤 사람들은 뛰고 어떤 사람들은 자전거를 타고 또 어떤 사람들은 인라인 스케이트를 타고 시원하게 달린다. 유모차를 끌고 나온 부부들은 바다 쪽을 붉게 물들이는 석양을 보면서 그들의 미래를 이야기한다. 한평생을 같이한 노부부들은 이제 얼마 남지 않은 생을 안타까워하며 손을 꼭 잡은 채 그 길을 천천히 걷는다.

세상이 어두워지고 가로등과 건물들의 조명이 밝아질 무렵 바다는 낮 동안의 소란스러움을 뒤로한 채 비로소 그들만의 이야기를 나눈다. 바다 옆 모래언덕에는 어깨를 기댄 젊은 남녀 역시 별빛이 반짝이는 수평선을 쳐다보며 그들만의 이야기를 나눈다. 밤이 깊어지면 아이를 데리고 나온 부부들이나 노인들은 집으로 돌아가고 그 자리를 요란한 화장을 한 젊은이들이 채운다. 캣 워커**Cat Walk**와 같은 디스코텍은 밤 열두 시가 넘어야 서서히 달아오른다.

254　barcelona

도시의 색을 만드는 대중교통

모던한 디자인의 버스와 택시

어찌 보면 낡은 도시일 수도 있는 바르셀로나를 모던하게 만드는 것들 중 도로 곳곳을 달리는 빨간색 버스와 노란색과 까만색이 잘 섞인 택시들도 한 몫하는 것 같다. 대중교통의 색깔에 따라 도시의 이미지가 얼마나 많이 달라질 수 있는지를 바르셀로나에서 본다.

바르셀로나 대중교통시스템은 다른 도시들과 마찬가지로 버스, 지하철, 택시가 주로 담당하는데, 조금 다른 것이 있다면 일부 구간을 운행하는 트램, 푸니쿨라와 자전거가 있다는 것이다. 바르셀로나 대중교통을 이용하다보면 그 편안함과 쾌적함에 자가용의 필요성을 크게 느끼지 못한다. 자가용의 경우 주차할 장소를 찾는 것이 무척이나 어렵고, 도로 대부분이 일방통행이라 오래 산 사람이 아니면 목적지를 찾아가는 것도 쉽지는 않다. 따라서 자가용으로 바르셀로나 시내를 구경하려고 하는 관광객이 있다면 말리고 싶다. 바르셀로나에서는 자가용 대신 버스와 지하철을 주로 이용하되 구웰 공원에 가는 것 정도는 택시를 이용하는 것이 좋다.

바르셀로나 대중교통은 TMB^{Transportes Metropolitanos de Barcelona}라는 회사에서 담당한다. 버스의 경우 109개 노선에 1,079대의 버스들이 약 920Km의 구간을 커버하고 있는데 모든 버스가 천연가스를 사용하여 매연이 없다. 버스는 승객이 타고 내리기 편하도록 저상버스 형태이고 냉난방은 물론 장애인과 노약자를 위한 휠체어 탑승 시스템까지 갖추고 있다.

지하철은 6개 라인과 몬주익 산악전차^{Funicular}로 구성되어 있으며 87Km의 구간에 123개의 지하철역이 있다. 지금도 시내 대부분은 지하철로 커버되지만 현재 공사 중에 있는 공항라인^{9호선}까지 완성된다면 공항까지 포함한 바르셀로나 모든 곳을 지하철로 다닐 수 있게 된다.

몬주익 푸니쿨라는 지하철 2호선, 3호선이 다니는 빠랄렐^{Paral-lel}역과 몬주익 중턱까지 운행하는데 여기서 몬주익 정상인 몬주익 성까지는 역시 TMB에서 운행하는 케이블카를 이용해서 갈 수 있다. 이와 함께 띠비다보를 운행하는 푸른전차Tramvia Blau, 바르셀로나 투어버스 역시 TMB가 운영하고 있는데 일반 시민들이 일상적으로 이용하는 대중교통이라기보다는 관광객을 위한 관광적인 성격이 강한 교통수단으로 버스와 지하철의 보완적인 기능을 담당하고 있다.

TMB는 사기업인 주식회사 형태지만 경제성이 떨어지는 노선들을 유지해 나간다는 점에서 공공적인 성격이 더 크다. 예를 들어 스페인 광장에서 몬주익 성까지 오가는 193번 버스나, 좁은 도시의 뒷골목을 오가는 마을버스 등은 승객 수가 작아 요금만으로는 운영할 수가 없다. 그 부족분은 시에서 지원한다. 이처럼 공적인 기능을 하는 부분에 대해서는 지원을 하는 대신 노선의 설치와 폐지 같이 중요한 사항은 시에서 적극 관여하고 있다.

티켓은 버스기사에게 살 수 있는 일회권도 있고 지하철역이나 역 근처 신문가게 등에서 판매하는 10회권T10, 일일권, 한달권 등 다양한데 관광객들에게는 10회권이 가장 경제적이고 편리하다. 이 티켓으로 케이블카와 푸른 전차를 제외한 모든 대중교통을 다 이용할 수 있다. 75분까지는 횟수에 상관없이 무료로 환승할 수 있으므로 T10 한 장이면 이틀 정도는 충분히 이용할 수 있다.

버스정거장 표지판은 알기 쉽게 되어 있어 관광객들도 원하는 버스를 금방 찾을 수 있다. 버스 내부는 넓고 쾌적하며 대부분의 경우 빈 좌석이 있어 편하게 앉아서 갈 수 있다. 지하철도 몇 개 역을 제외하고는 환승이 매우 편리하다. 그래서 굳이 자가용을 고집할 필요가 없다. 여름에는 시원하고 겨울에는 따뜻하고 편안하게 앉아서 책을 읽는 승객들의 모습을 보며 바르셀로나가 사람을 편하게 하는 도시라는 것을 새삼 느끼게 된다.

편안한 낭만, 비씽

시원한 바닷바람이 좋은 바르셀로네따 해변길, 가로수 그늘이 좋은 디아고날 길, 그리고 중세의 향기가 가득한 고딕이나 보른 지구의 좁은 골목들. 시내 곳곳에 빨갛고 하얀 색깔로 된 앙증맞은 자전거가 달린다. 머리를 질끈 묶은 청바지 차림의 아가씨나, 양복에 넥타이까지 한 신사나, 기타를 뒤로 둘러멘 히피 스타일의 젊은 남자나 어느 누가 타도 싱그러운 모습이다.

인도 중간에 하얀색으로 그어놓은 자전거 전용도로가 있는 곳이 많고 인도와 도로가 만나는 곳에는 턱을 없애 단 한 번도 자전거에서 내리지 않고 목적지까지 갈 수 있게 해두었다. 바르셀로나에서 흔히 볼 수 있는 이 자전거는 비씽**bicing**이라는, 바르셀로나 시민들만을 위한 자전거 공용시스템이다. 관광객들은 어떻게 하면 그 자전거를 탈 수 있냐고 물어오곤 하는데 안타깝게도 관광객들이 탈 수는 없다.

"쉽고 실용적이고 매연과 소음도 없이 당신이 원하는 시간에 당신이 원하는 곳을 갈 수 있는, 당신을 위한 새로운 교통수단"이란 모토를 가진 'bicing'은 2007년 봄에 칠백오십 대의 자전거와 오십 군데의 거치대로 시작되었다. 비씽의 운영 재원은 예산을 별도로 마련하는 것이 아니라 시에서 운영하는 도로 유료주차장 운영수입의 일부와 비씽 사용자들이 내는 약간의 가입비로 조달된다. 즉 교통체증과 오염을 유발시키는 자동차 운전자들이 대부분의 재원을 부담하는 셈이다. 2011년 현재 육천 대의 자전거와 사백 군데의 거치대로 운영되고 있으며 약 십이만 명의 시민들이 비씽 서비스에 가입하고 있다.

비씽 사용 방법은 매우 간단하다. 인터넷을 통해 약 35유로의 가입비를 내고 신청하면 집으로 카드가 배송되어 온다. 이 카드를 이용하여 바르셀로나 곳곳에 설치되어 있는 자전거 주차장의 카드 거치대에 카드를 대는 것만으로 자전거를 이용할 수 있다. 처음 삼십분 간은 무료, 이후 매 삼십분에 오십 센트의 요금이 부과되며 두 시간 이상은 사용할 수 없는 것이 유일한 제한사항이다.

자전거는 언뜻 보기에 좀 투박해 보여도 인체공학적인 설계로 만들어져 사용하기에 매우 편하다. 그립감이 좋은 넓은 손잡이, 높낮이 조절이 가능한 안장, 3단 변속 기어, 앞 뒤 야간 조명등, 미끄럼 방지 페달, 핸들 아래 설치된 짐 싣는 곳

Rambla - Teatre Liceu
Sortida La Rambla - Mercat de la Boqueria
Liceu

barcelona

바르셀로나 대중교통의 특징은 편안함과
쾌적함이다. 대중교통들의 색깔은 또 얼마나
예쁜지. 빨강, 노랑 검정 등 대중교통의
원색들이 도시를 훨씬 더 세련되게 만든다.

등 필요한 모든 것을 다 갖추고 있다. 타 보기 전에는 왠지 불편할 것 같았는데 직접 타보니 보기와는 달리 승차감도 좋다. 자전거 거치대는 지하철역과 관광 명소 등 주요한 포인트마다 약 삼백 미터 간격으로 설치되어 있어 필요할 때 쉽게 이용할 수 있다.

비씽의 도입 목적은 단순하다. 짧은 거리는 자전거로 이동할 수 있게 하여 교통체증과 오염을 완화시키고 궁극적으로는 바르셀로나 시내에서 자동차 수를 감소시키는 것이 목적이다. 비씽은 도입 이후 짧은 기간 내에 큰 어려움 없이 성공적으로 정착된 것으로 평가되고 있다. 2009년에 4.7점이었던 사용자들의 평가가 2011년에는 6.5점까지 상승하였으며, 도난, 파손, 고장 등 그동안의 여러 문제들도 시와 시민의 적극적인 노력으로 대부분 해결되었다.

비씽은 시와 시민의 협력으로 시민의 삶을 향상시키는 좋은 예다. 길거리에서 자전거를 타는 모습을 보는 것은 일상적인 일이 되었다. 그동안 자전거를 탈 줄 몰랐던 사람들도 비씽 도입을 계기로 자전거를 배우고 있다. 바르셀로네따 근처 공원에 가면 이들을 위한 노천 자전거 연습장이 운영되고 있다.

시원하게 뚫린 자전거도로를 예쁜 색깔의 자전거로 달리는 모습은 누가 봐도 기분 좋은 풍경이다. 푸른 하늘, 그리고 초록색 그늘이 좋은 벤치에 앉아 책을 읽다가 잠깐 고개를 들 때 엉덩이를 씰룩이며 힘차게 자전거 페달을 밟는 아가씨가 지나가고 있다면 기분마저 상큼해진다. 바르셀로나가 아름다운 것은 사그라다 파밀리아나 까사 밀라 같은 대단한 건축물 때문이 아니라 이처럼 작은 삶의 조각들이 시선이 멈추는 곳곳에서 반짝이고 있기 때문이다.

CREU COBERTA
TARRAGONA
AV. ROMA
GRAN VIA
GRAN VIA
M
PARAL·LEL
M

바르셀로나   사람들

바르셀로나   사람들

사람이 없는 람블라스길이 아름다울까?

구웰 공원에 사람이 없다면 폐장한 놀이공원과 무엇이 다를까?

사람 없는 까사 밀라는 버려진 비행기 격납고에 불과할 것이고
사람 없는 까딸루냐 음악당은 종유석 가득한 동굴에 불과할 것이다.

바르셀로나가 아름다운 것은
아름다운 사람들이 바르셀로나를 채우고 있기 때문이다.

바르셀로나를 아름답게 하는 것은 결국은 사람이다.

P
Laborables
9-11 i 15-17h
P Lab. 20,30-9h
Festius 21-9 h
Resta d'horaris
Zona de vianants

barcelona

페란 길을 걷고 있는 사람들.
바르셀로나는 바르셀로나를 채우고 있는
사람들로 인해 완성된다.

꼴블랑 시장 생선가게 할아버지, 도밍고

Domingo

　　1937년 스페인 내전이 한창일 때 태어난 도밍고Domingo 할아버지는 오십 년이 넘도록 바르셀로나 꼴블랑Collblanc 시장 안에서 생선가게를 하고 있다. 대부분의 까딸루냐 사람들이 그렇듯이 도밍고 할아버지의 가족도 반 프랑코 쪽이었다. 내전이 프랑코 측의 승리로 끝나자 반 프랑코의 선봉에 섰던 도밍고의 아버지는 프랑스로 망명을 갈 수밖에 없었다. 그때 할아버지의 나이 다섯. 아버지가 떠난 이후 대부代父가 아버지의 역할을 했다. 지금의 생선가게도 대부가 하던 것이었다. 어린 도밍고의 놀이터는 꼴블랑 시장과 그 주변이 될 수밖에 없었다.

꼴블랑 시장 생선가게 할아버지, 도밍고

당시 꼴블랑 주변은 밭이었고, 주민들이 재배한 채소들을 말이나 마차로 싣고 와서 파는 노천 시장이 있었다. 1929년에 지금의 시장이 들어섰고 약 20년 전에 대대적인 보수를 거쳐 지금에 이르렀다. 어려서부터 지금까지 꼴블랑 시장은 도밍고 할아버지의 삶의 전부이다.

새벽부터 일어나 물건을 받고 준비하고 다듬어 손님을 맞는다. 평일에는 오후 2시에, 금요일부터 주말에는 문을 닫는다. 생선 가게는 보기보다 매우 힘든 일이다. 생선을 잘 받는 것도 중요하고 잘 준비해 두었다가 필요할 때 내어놓는 것도 중요하다. 하루에 팔 수 있는 물량을 잘 계산해야 하고 남아서도 모자라서도 안 되는 것이 생선 가게의 특징이다.

이제 도밍고 할아버지는 서른아홉 살의 막내아들 알베르Alber에게 가게 운영을 맡기고 손님들이랑 인사도 하고 옆 바르에서 커피도 마시며 하루를 보낸다. 시장상인은 물론이고 웬만한 손님들까지도 다 아는 도밍고 할아버지. 엄마 아빠의 손을 잡고 시장에 오던 아이들이 자라서 어른이 되고 아이들을 데리고 시장에 오는 모습을 보며 세월의 무상함을 느끼게 된다. 영원히 늙지 않을 것 같은데 손님들이 나이 먹는 것을 보면서 이제 그가 갈 날도 멀지 않았음을 느낀다.

"요즘은 가까운 곳에 슈퍼마켓들이 많이 생겼어. 그런데도 많은 사람들이 시장을 찾지. 왜 그런지 아나? 시장은 물건만 사는 곳이 아니거든. 사람을 만나는 곳이지. 그게 더 큰 이유이지. 모름지기 훌륭한 상인은 시장 손님들의 역사를 알고 있어야해. 모든 대소사를 다 기억해주고 이야기를 다 들어주어야 하지. 어렸을 때 어떤 아이였는지, 얼마나 개구쟁이였는지를 이야기해 줄 수가 있다면 이미 손님이 아니라 가족이 아닐까. 여름휴가 후 한참 동안은 그들의 휴가 이야기를 들어줄 각오를 해야 해. 그것이 시장이야.

까르푸에 가서 무슨 대화를 나눌 수 있나? 사람들은 물건을 사고 종업원들은 계산을 할 뿐이야. 막내아들이 다음 달에 영국에 공부하러 간다는 이야기를 까르푸 직원에게 하는 것은 좀 뜬금없지 않은가? 지중해 사람들은 말하길 좋아하는데 막내아들이 영국에 공부하러 가는 것과 같은 중요한 이야기를 말하지 않고 어떻게 살 수 있겠나. 이태리도 그렇고 부다페스트도 그래. 그래서 그쪽도 시장이 잘 발달해 있지.

시장은 대화의 장소야. 옛날 가정주부들은 말할 기회가 많지 않았는데 주부들의 희로애락을 들어주는 곳이 시장이었어. 이슬람도 마찬가지야. 이슬람 여자들은 평소에 말할 기회가 없는데 시장에 가면 말을 할 수 있지. 그래서 이야기를 하러 시장에 가는 거야. 스페인이 오랫동안 이슬람의 지배를 받은 건 알지? 그러니 스페인도 시장이 발달할 수밖에."

플라멩꼬를 추는 아구스띤과 까리메

Agustiu & Karime

　황혼이 질 무렵 하루 일을 마친 사람들이 선술집에 모여 앉는다. 와인을 마시며 하루에 있었던 일을 이야기하는데 술기운 탓인지 점점 이야기의 주제가 심각해진다. 척박한 땅에서 살아가기 힘들다는 이야기, 인생의 유한함과 죽음에 대한 막연한 두려움 등에 대해 이야기하다가 급기야는 사랑하는 사람이 자기를 버리고 떠난 이야기로 이어진다. 갑자기 한사람이 끓어오르는 감정을 이기지 못하고 노래를 부른다. 그런데 그것은 노래가 아니라 통곡이다. 가슴 깊숙이 있는 말들을 온몸을 쥐어짜면서 뱉어낸다. 진저리를 친다는 표현이 맞을까. 온 사지를 흔들며 절규하듯이 노래를 부른다.

"네 눈에서 차가움을 느꼈을 때 내 두 눈은 이미 등대 없는 두 개의 배였지.
결코 나를 사랑하지 않는다는 것을 알았을 때 내 인생은 지옥으로 변했고.
네 눈으로부터 내가 사라지길 바라는, 내가 원하지 않은 작별을 강요했지.
내 인생의 천둥 번개여, 쳐다보면 죽을 것만 같은 네 맑은 눈동자 없이 난 살지 못해"

그 절규와 통곡에 짠해진 이가 기타를 들고 기타 줄을 긁어대기 시작한다. 그것은 감미로운 아르페지오가 아니다. 거친 남자의 거친 손길에 울어대는 플라멩꼬 기타. 옆에서 듣고 있던 사람들도 그 한스런 노랫말에 공감을 하며 "올레Ole", "벵가Venga" 등과 같은 후렴을 넣는다.

플라멩꼬는 크게 깐떼(Cante 노래), 또께(Toque 기타), 바일레(Baile 춤)로 구성되어 있다. 오늘날 따블라오Tablao, 선술집 스타일의 조그만 공연장에서는 관객의 흥을 돋우기 위해 타악기의 역할이 커졌다. 단체적이고 정형성에 의존하는 바르셀로나의 사르다나 춤과는 달리 플라멩꼬는 개인기와 즉흥성에 의존하는 춤이다. 속으로 삼키는 것이 아니라 뱉어내고 절규하는 춤이다. 파도처럼 혹은 폭포처럼 거칠게 움직이다가 결정적인 순간에 멈추어 관객들의 시선을 자신에게 끌어들인 후 자신을 드러내는 춤이다. 그리고 비둘기처럼 가슴을 잔뜩 내밀고 불타는 듯한 눈동자로 관객을 내려다본다. 그 모습이 투우사가 소를 피하고 난 후에 가슴을 쭉 내밀고 서 있는 모습과 비슷하다.

예전에는 플라멩꼬가 안달루시아 지방을 중심으로 펼쳐졌지만 이제는 스페인 어느 도시에도 플라멩꼬 공연장이 있다. 스페인 하면 먼저 플라멩꼬와 투우 그리고 축구를 떠 올리지만 정작 스페인 사람들의 반응은 시큰둥한 편이다. 하지만 스페인 사람들이 어떻게 생각하건 말건 외국인들은 플라멩꼬가 주는 이국적이고 정열적인 느낌을 좋아한다.

바르셀로나에도 크고 작은 플라멩꼬 공연장이 있다. 제법 큰 규모의 플라멩꼬 공연장에서 매일 밤 플라멩꼬를 추는 아구스띤Agustiu과 까리메Karime를 만났다. 가을 밤, 첫 번째 공연이 끝난 후 땀이 뚝뚝 떨어지는 얼굴로 플라멩꼬 이야기를 들려주었다. 플라멩꼬 춤을 추는 사람들은 안달루시아 출신으로 생각하는 사람들이 많지만 지금은 그렇지 않다. 아구스띤만 해도 바르셀로나에서 태어나고 자랐으며 플라멩꼬도 바르셀로나에서 배웠고 일도 바르셀로나에서 하고 있으니 적어도 아구스띤의 경우는 안달루시아와는 관련이 없는 셈이다.

스페인 어디를 가더라도 플라멩꼬를 배울 수 있는 학교나 학원이 있고 공연장이 있다. 까리메는 많은 집시 출신 플라멩꼬 무용수들이 그렇듯이 엄마가 운영하던 플라멩꼬 학교에서 플라멩꼬를 배웠다. 어려서부터 플라멩꼬가 좋아 배웠고 지금까지 플라멩꼬가 그녀 인생의 전부인 사람이

barcelona

다. 아구스띤이나 카리메처럼 매일 밤 플라멩꼬 공연을 하는 사람들은 별도의 연습을 하지 않는다. 아니 할 수가 없다는 표현이 맞을 것이다. 일요일을 제외한 매일 밤, 몇 시간씩 공연하는 것도 벅찬데 어떻게 연습까지 할 수 있겠는가.

확실히 플라멩꼬는 동양 사람들이 좋아할 만한 정열적인 요소를 가지고 있는 것은 틀림없다. 그들은 그 이유를 이렇게 보았다.

"플라멩꼬는 매우 외향적인 춤이다. 몸짓과 표정, 노래를 통해 플라멩꼬를 추는 사람의 감정 하나하나가 다 드러난다. 표정과 몸짓만 보아도 인생의 희로애락을 느낄 수 있다. 플라멩꼬는 아무것도 감추지 않는다. 막연한 생각이긴 하지만 자신의 감정을 잘 드러내지 않는 동양 사람들의 입장에서 볼 때 직설적이고 외향적인 플라멩꼬에서 대리 만족을 느끼는 것은 아닐까."

아구스띤은 몸매가 아주 날렵하고 까리메는 살집이 있는 편이다. 아구스띤 같은 경우 몸매 관리를 위해 다이어트를 할 것 같은데 전혀 그렇지 않다. 춤이 워낙 격렬해서 오히려 더 먹지 못해 안달이다. 다이어트를 하고 싶으면 플라멩꼬를 배우고 볼 일이다. 아구스띤과 다른 날렵한 몸매의 무용수들은 표정이 밝다. 그들의 표정에서 인생의 희喜와 락樂만 볼 수 있을 뿐이고 노怒와 애哀는 찾아볼 수 없다.

반면 까리메의 얼굴에는 세상의 모든 슬픔과 괴로움이 다 들어있다. 플라멩꼬다운 표정이랄까. 까리메는 전통적인 플라멩꼬 무희고 아구스띤의 경우는 쇼적인 성격이 강한 퓨전스타일의 플라멩꼬인 셈이다. 날씬한 무희는 보기에는 좋을지 몰라도 인생의 어두움과 밝음을 모두 다 표현하기에는 어딘지 모르게 부족한 것 같다.

플라멩꼬는 몸 깊은 곳에서 소리를 끌어올려 내 지르는 것이 우리나라 판소리와 닮아있다. 그러나 소리가 나오는 곳은 좀 다른 것 같다. 뭐랄까. 우리 판소리가 좀 더 깊은 곳에서 나온다는 표현이 맞을 것 같다. 아구스띤과 까리메는 오늘도 플라멩꼬를 춘다. 그들은 춤출 때 가장 행복하고 춤 출 때 살아있음을 느낀다. 플라멩꼬는 고통으로 고통을 치료하고 슬픔으로 슬픔을 치료하는 예술이다.

영원히 죽지 않는 나무, 유수

Youssou

아마르고Amargos 길. 젊은 날의 피카소가 자주 가던 네 마리 고양이, 꾸아뜨로 가츠가 있는 몬시오 길의 끝쯤에서 왼쪽으로 나 있는 길이다. 이 골목은 좁은 몬시오 골목보다 더 좁다. 골목 양쪽으로 거의 붙어있는 건물들로 인해 하늘은 겨우 혁대만큼만 보인다.

어느 날 이 골목에서 파라피나FARAFINA라는 아프리카 토산품점을 만났다. 상업적인 요소라고는 전혀 찾아볼 수 없는 수수한 물건들이 쌓인 창고 같은 가게였다. 세상의 거친 풍파를 거쳐왔으리라 생각되는 외모와 달리 눈빛은 선함으로 가득 찬 유수Youssou. 물건들을 둘러보며 그가 살아온 이야기가 궁금해졌다.

봄이 막 시작되는 2011년, 토요일 저녁 가게에서 그의 이야기를 들을 수 있었다. 아무 희망도 없어 보이는 삶에서 언제나 '희망'이라는 끈을 놓지 않았던 유수의 이야기는 감동적이었다. 아프리카 말리에서 태어난 유수는 5살과 9살인 두 아이의 아버지이고 아내는 이곳 까딸루냐 사람이다.

"유수Youssou는 '죽지 않는 나무'라는 뜻으로, 말리에 많이 있는 나무다. 척박한 땅에서도 살아남는 나무처럼 끈질기게 살아남으라고 아버지가 지어준 듯하다. 2001년 고향을 떠나 파리로 갔다. 프랑스의 식민 지배를 당한 아프리카 사람들에게 파리는 동경의 땅이다. 그러나 파리에서의 삶은 말할 수 없이 힘들었다. 2년 동안 노숙자로 지냈다. 어떤 겨울 밤, 너무 춥고 힘들어 강물로 뛰어들면 이 힘든 인생을 끝낼 수 있겠지, 라는 생각을 한 적이 있었다. 하지만 나는 죽지 않는 나무 유수 아닌가. 지금도 그날을 생생하게 기억한다. 너무 배가 고파 지하철역 쓰레기통을 뒤지고 있었다. 그 순간 놀랍게도 고향 친구가 지하철역에서 올라오면서 나를 발견했다. 기적이 일어나는 줄 알았다. 친구의 도움으로 일본식당에서 1주일에 한번 청소를 하는 일을 얻을 수 있었다. 조금의 돈도 생기고 굶지 않으니 얼마나 행복하던지.

어느 날 어떤 여자가 길을 물었다. 다시 그녀를 만났을 때도 우연이라고 생각했다. 세 번째 만났을 때 우연으로만 생각할 수 없었고 자연스레 네 번째 만남을 약속하게 되었다. 그렇게 조금씩 가까워졌다. 그러나 어떻게 설명해야할까. 아프리카 남자들이 유럽 여자를 만나는 것을 두려워한다. 언젠가는 깨어질 사랑이라는 것을 본능적으로 알고 있기에. 그러나 그녀는 내 두려움을 없애주었다. 그녀와 바르셀로나로 왔고, 결혼으로 합법적인 거주권도 얻었다.

나는 아프리카 수공예품 가게를 열고 싶었다. 몇 달을 가게를 찾아 헤맸지만 마땅한 곳이 없었다. 어느 날에 꿈에서 알파벳 A가 보였다. 바르셀로나 도로지도를 꺼내들고 'A'로 시작되는 모든 길을 다 찾아다니다 우연히 이 골목에서 가게를 발견하였다. 그때서야 길 이름이 'A'로 시작된다는 것도 알아차렸다. 이후 거의 팔 개월 가까이 가게에서 낮과 밤을 보냈다. 필요한 것들은 바르셀로나 거리 곳곳을 다니며 주워왔고 친구와 함께 모든 것을 다 만들어 나갔다. 새벽 동이 터올 때까지 자르고 붙이고 색칠했다. 그런 삶이 정말 행복했다.

이제 시작이다. 사랑하는 사람의 땅 바르셀로나에서 내가 좋아하는 일을 할 수 있다는 설렘에 매일 매일이 고맙다. 여기서 내 공방을 열고 내가 만든 물건과 내 고향에서 만든 물건들을 팔아가면서 생활할 것이다. 사정이 조금 나아진다면 내 고향 말리, 내가 어릴 때 다녔던 직업학교를 도울 것이다. 혹시 아마르고 길을 걷다가 내 가게에 불이 켜져 있으면 서슴지 말고 들어오시라. 그리고 차 한 잔하고 가시라."

람블라스 길 거리 화가, 아싼

Assan

　바르셀로나를 찾는 관광객이라면 반드시 걷게 되는 람블라스 길. 바다 쪽으로 거의 끝나는 곳에 거리화가들이 모여 있는 곳이 있다. 플라멩꼬 무희와 투우사 등과 같은 관광객 버전의 스페인적인 이미지들을 과장된 색깔로 그린 그림에서부터 초상화와 커리커쳐, 사람의 이름을 그림으로 표현하는 중국식 서예 그리고 스프레이를 이용한 그림까지 다양한 그림을 그리는 화가들이 모인 곳이다.

　왜 여행지에서 만나는 거리화가들은 여행의 낭만을 더해줄까. 어쩌면 그것은 거리의 예술가, 그들의 보헤미안적인 삶 때문이 아닐까. 람블라스 길을 지날 때마다 유심히 보게 되는 화가가 있었다. 초상화를 전문으로 그리는 그 사람의 놀랄만한 솜씨 때문이기도 했지만 우리네 모습과 비슷하게 생겨 친근감이 더 했으리라.

아싼Asan. 늘 이어폰을 끼고 FC바르셀로나 모자를 쓴 그는 키르기스스탄이라는 조금은 생소한 나라에서 왔다. 카자흐스탄과 우즈베키스탄과 접경한 중앙아시아 국가 중 하나다. 1998년부터 이곳에서 그림을 그리기 시작했으니 이제 13년째다. 축구를 잘하는 열다섯 살 남자아이와 열여덟 살 남자아이, 그리고 열 살짜리 여자 아이를 두고 있다. 젊어 보이는 데 마흔 다섯이란다.

아싼은 키르기스스탄 예술학교에서 그림공부를 한 후 러시아 상트페테르부르크에서 예술학교를 다녔다. 입학하는 데만 4년이 걸렸고, 6년간 공부했다고 한다. 여름방학 때 두 번 바르셀로나를 찾았고, 취미삼아 람블라스 길에서 그림을 그렸던 느낌이 좋아 영원히 바르셀로나에 눌러앉게 되었다. 사람을 기분 좋게 만드는 태양과 바람과 바다, 다양한 문화와 다양한 사람들이 뿜어내는, 몇 마디 말로는 표현하기 힘든 끌림에 바르셀로나에 정착하게 된 것이다.

1998년 1월, 졸업과 동시에 바르셀로나로 왔다. 당시에는 별다른 규제가 없어 누구나 람블라스 거리에 자리를 잡을 수가 있었다. 그러나 관광객이 늘어나자 세계의 예술가들이 모여들면서 자리 다툼이 일어나고 보행자의 통행을 방해하게 되었다. 바르셀로나 시당국은 2000년도부터 규제를 도입하였다. 그림을 그릴 수 있는 자리를 정하고 시험을 통해 선발하였다. 아싼 역시 그때부터 합법적인 자격을 갖고 그림을 그리게 되었다. 거리 화가들을 대하는 바르셀로나 시의 태도는 호의적인 편이다. 화가들은 암환자를 위한 바자회 같은 행사가 열리면 자발적으로 참여해서 무료봉사를 하고, 소아암 병원을 찾아 그림을 그려주기도 한다.

아싼은 바르셀로나에서 1시간 거리에 있는 해변 마을 말그랏 데 마르Malgrat de Mar에 산다. 매일 아침 기차를 타고 오면 람블라스 거리 일터에 도착하는 시간은 오전 11시경이다. 이때부터 하루 종일 일을 하는데 마지막 손님이 언제 있느냐에 따라 다르긴 하지만 대략 저녁 8시경까지 일한다.

"초상화 한 장 그리는데 약 1시간. 쉬지 않고 그린다면 손님이 계속 있을 경우 이론적으로 하루 6~7장은 그릴 수 있지만 집중을 필요로 하는 일이라 그렇게 많이는 그릴 수 없다. 이게 보기에는 쉬워보여도 하얀 종이만 쳐다보고 있다는 것이 생각보다 힘들다. 바로 앞에 있는 당구클럽에서 당구를 치는 것이 유일한 휴식이다."

열렬한 바르셀로나 축구팬이며 한여름 7월과 8월에는 집이 있는 해변 마을에서 그림을 그린단다. 외국이지만 그가 좋아하는 곳에서 좋아하는 일을 하며 산다는 것이 부럽다. 맥주 두 잔씩과 기분 좋은 대화로 시간은 금세 가버렸다.

보께리아 시장 삐노쵸 할아버지

Juanito Bayen

일흔일곱 살의 삐노쵸 할아버지. 일곱 살 무렵부터 이곳에서 살다시피 했으니 칠십 년을 보께리아 시장에서 보낸 셈이다. 평생의 놀이터이자 일터는 보께리아 시장 입구 오른쪽에 있는 조그만 바르 삐노쵸Bar Pinotxo. 피노키오 바르라는 뜻을 가진 바르 삐노쵸는 1940년 어머니가 문을 연 이래 지금까지 이 장소에 있다. 삐노쵸 할아버지는 이곳에서 바르셀로나의 슬픔과 기쁨을 지켜보았다. 그리고 람블라스길과 고딕지구, 라발지구가 어떻게 변해왔는지를, 사람들이 어떻게 흘러들어오고 또 흘러나갔는지.

가게는 변한 것이 없지만 손님들은 많이 변했다. 예전에는 동네 사람들이었는데 지금은 관광객이 훨씬 많다. 단골손님도 편하지만 관광객들을 만나는 것도 좋단다. 아이였을 때 부모님과 함께 온 손님이 이제는 커서 자기 아이들을 데리고 오는 경우도 많다. 그때나 지금이나 똑같다는 말을 들으면 기분이 좋다고. 고객이 누구냐에 따라 문을 여는 시간도 좀 바뀌었다. 예전에는 리세우 오페라극장에서 연극을 보고 나온 사람들, 또 마지막 기사를 송고한 기자들이 잠자러 가기 전에 마지막 커피를 마시곤 하던 새벽 4시부터 문을 연 적도 있었다. 생각해보면 그때가 더 낭만이 있었다고. 단 한 번도 이곳 생활에 싫증을 느낀 적이 없다. 무려 60년이란 세월을 새벽 다섯 시에 일어나야하는 삶이 뭐 그리 행복했냐고 묻지만, 답은 언제나 한가지다.

"손님들과 함께 한 60년 동안, 첫날부터 지금까지 단 하루도 행복하지 않은 날이 없었어, 나에게 단 하나의 즐거움을 이야기하라고 하면 주저하지 않고 이곳에 오는 것이라고 말하겠어."

이쯤 되면 천직이라 할 만하지 않은가? 그의 이름은 후아니또 바엔Juanito Bayen. 그러나 보께리아 시장 삐노쵸 할아버지로 더 잘 알려져 있다. 손바닥 만한 작은 바르지만 그의 명성은 까딸루냐 출신 세계적인 요리사 페란 아드리아Ferran Adria의 명성에 버금간다. 그의 가게를 찾는 사람들은 그의 농담과 웃음을 사이에 두고 까바(Cava, 샴페인)와 보께론(Boqueron, 멸치절인 것 같은 같은 생선)을 즐긴다. 누군가가 사진기를 들이대면 언제나 두 엄지손가락을 치켜들고 포즈를 취해준다. 유명 정치인과 연예인, 스포츠 스타들까지 바르셀로나를 찾는 사람들은 꼭 한번은 그의 가게를 찾는다. 그의 가게를 찾는 것은 보께리아 시장 특유의 노스탤지어와 삐노쵸란 사람이 주는 카리스마 때문일 것이다. 만약 삐노쵸 바르가 보께리아 시장이 아닌 다른 곳에 있다면? 만약 삐노쵸 바르의 주인이 삐노쵸가 아닌 다른 사람이었다면? 아마도 지금처럼 인기가 있지는 않을 것이다.

삐노쵸 바르는 바르셀로나에서 사그라다 파밀리아에 못지않은 관광명소다. 스페인 사람뿐만 아니라 세계 각국의 사람들이 다 찾는다. 물론 최근에는 한국 사람들도 많이 온다. 그러나 그는 영어도 모르고 불어도 모른다. 먹는데 무슨 언어가 필요하나. 손가락 제스처만 있으면 다 통한다. 계산하는 방법도 지극히 원시적이다. 손님이 얼마냐고 물어보면 조그만 종이 하나에 손님이 먹은 것을 확인하며 적는다. 그리고 암산으로 더해서 얼마라고 말해준다. 계산기도 금전등록기도 필요없다. 혹 계산에 착오가 있으면 다시 한 번 말해주면 된다.

그는 이곳에서의 활기차고 컬러풀한 생활이 좋다. 자식이 없어 지금 같이 일하고 있는 조카들이 가게를 이어받을 것이다. 그는 손님들을 상대하면서 귀가 약간은 잘 안 들리는 듯해서 몇 개의 질문은 두세 번 해야 했지만 워낙 비슷한 질문을 많이 받았던 터라 내 질문을 금방 알아차렸다. 옆에 앉아있던 아나Ana는 바르셀로나 대성당에서 일하는데, 이곳을 자주 찾는다고 한다. 무엇보다 싱싱한 재료를 사용해서 음식 맛이 좋고 시장의 활기찬 분위기가 좋단다.

이 넓은 하늘아래 내 살 곳 없으랴, 조선족 김용국 씨

Kim Yong Guk

조선족 김용국 씨는 바르셀로나 교민사회에서 못하는 것이 없는 만능 일꾼으로 통한다. 무거운 이삿짐을 옮기거나 전기, 수도는 물론이고 집안의 소소한 고장을 다 고치는 교민사회의 맥가이버다. 스페인은 서비스 비용이 비싸기 때문에 집 안에 사소한 고장만 생겨도 가슴이 덜컥 내려앉곤 한다. 수리공을 부르는 것은 시간과 인내와 그리고 많은 돈을 필요로 한다. 처음 바르셀로나에 와서 집안에 문제가 생겼을 때 도움을 구한 사람이 김용국 씨다. 이후 공통적인 관심사도 많고 해서 친하게 지내는데, 그의 파란만장한 인생 이야기를 들을 수 있었다.

"내 고향 중국 용정. 조선족들이 많이 사는 곳이며 시인 윤동주로 잘 알려진 곳이다. 그곳에서 학교를 졸업하고 군대에 다녀오고 나라에서 배정해주는 회사에 다녔다. 종이를 만드는 국영회사였는데 계속 월급이 밀려 이것저것 미래를 생각하게 되었다. 어느 날 친구가 배타는 일에 대한 정보를 주었다. 하지만 보증금이 필요했고 돈이 없었다. 친구들은 결혼 축의금 셈치고 거금 만 원을 모아주었다. 중국 한 달 임금이 600원 정도였으니 대단히 큰돈이었다.

처음 일한 곳은 아프리카 앙골라 루안다 부근에서 조업하는 한국 원양어선이었다. 욕설이 난무하고 구타가 일상화된 곳. 누구도 거역할 수 없는 위계질서와 넘을 수 없는 계급이 존재하는 곳이었다. 육체적으로 힘든 것은 얼마든지 참을 수 있지만 마음이 아픈 건 도저히 참을 수 없었다. 한국 발음이 서툰 나에게 그곳은, 짐승처럼 복종하며 사는 곳이거나 뛰쳐나와야 할 지옥 같은 곳 둘 중 하나였다.

배에서 더 지내기는 죽기보다 싫었다. 스페인 남쪽 항구 까르따헤나에 정박하자 부모님과 보증을 서준 분이 마음에 걸렸지만 2,500뻬세따(지금 돈 15유로, 우리 돈 약 2만3천 원 정도)와 감기약 한 봉을 챙겨 배에서 도망쳤다. 까르따헤나에 있던 중국식당에서 임시로 며칠을, 까르따헤나에서 약 200km 떨어진 또 다른 중국식당에서 접시 닦기로 세 달을 일했다. 그곳 역시 용정을 떠나올 때 생각했던 큰 세상은 아니었다.

"중국어와 조선말을 하는 사람 구함" 스페인에 사는 중국인들을 위한 신문에서 발견한 구인광고. 그건 조선족을 찾는다는 광고에 다를 바가 없었다. 중국말에 이런 말이 있다. "인생은 기적들이 마치 우연인 것처럼 이어진다." 그렇게 찾아온 바르셀로나에서 조선족인 박 아줌마의 도움으로 한국식당에서 일자리를 찾았다. 내가 좋아하는 말 중에 '씨앗의 힘'이라는 말이 있다. 커다란 바위도 그 틈을 파고 든 씨앗 하나로 깨져나간다는 말. 이곳에서 살려면 스페인어를 해야 한다는 생각에 스페인어를 독학하기 시작했다. 나에게 스페인어가 씨앗이라고 생각했기 때문이다. "니가 무슨 스페인어를 배워?"라는 비웃음에, 속으로 "비웃는 네가 감사하다."라고 응수하며 마음을 다잡았다. 한국인 교회에 다니며 사람들을 알게 되고 어떤 이의 도움으로 스페인 회사에 취직할 수 있었다. 비자문제도 해결되고 말도 늘고 그렇게 바르셀로나에서의 생활이 10년째, 이제 바르셀로나는 내게 고향 같은 곳이 되었다."

그는 바르셀로나를 좋아한다. 가난한 사람도 부자도 큰 차이가 없고, 사람들의 말과 행동이 똑같고 중국 용정에서 온 자신을 차별하지 않기 때문이다. 그는 이제 또 다른 꿈을 꾼다. 미래가 불안하기는 하지만 십 년 전 배에서 내릴 때에 비하면 지금은 가진 것이 너무나 많기 때문에 두렵지는 않다고 한다. 앞으로 그가 이루지 못할 일이 무엇이겠는가?

구웰 공원 사무라이, 이싼

Isan

　　바르셀로나를 찾는 관광객이라면 누구나 한번은 가본다는 구웰 공원. 정문으로 들어가 도마뱀 조형물이 있는 계단을 지나면 칠십여섯 개의 그리스 도리아식 기둥이 있는 광장이 나오는데 흔히들 신전 또는 시장이라고 부른다. 이 광장에서 운동장으로 올라가는 또 다른 계단 초입에 어설픈 사무라이 한 명이 막대기를 들고 서 있다.

　　이싼Isan은 쿠르드족으로, 1960년 터키에서 태어났고 그곳에서 자랐다. 쿠르드족은 2천5백만 명이나 되지만 나라가 없는 민족으로 터키, 이란, 이집트 등지에 흩어져 살고 있다. 터키의 경우 이들에 대한 탄압이 매우 심하다고 한다. 내가 그에게 흥미를 느낀 것은 친절한 '인간동상'에 속하는 사람이고 소품을 늘어놓은 조그만 탁자에 태권도라는 한글을 써 놓았기 때문일 것이다.

2011년 2월, 어느 볕 좋은 날 점심 무렵 구웰 공원 정문 부근 바르에서 두 시간 가량 그와 이야기를 나누었다. 인생 이야기처럼 감동적인 것이 또 있을까. 햇살 가득한 테라스에서 그의 이야기를 듣고 있으니 가슴이 따뜻해졌다. 어쩌면 지중해 공기를 머금은 햇볕 탓일 수도 있겠고 어쩌면 그와 나누어 마신 에스뜨레야Estrella 맥주 탓일 수도 있겠다.

"바르셀로나에 오기 전에는 독일 퀼른에서 벌목공으로 일했다. 독일에서의 생활은 모든 것이 예측 가능했다. 그러나 그 틀에 박힌 생활은 이내 나를 지치게 했다. 내 몸속에는 떠돌이의 피가 흐르고 있는 것 같다. 정해진 월급을 받으며 정해진 대로 사는 인생이 싫었다. 좀 불확실하더라도 새로운 길에서 새로운 사람을 만나고 싶었다. 그래서 찾은 곳이 바르셀로나다.

바르셀로나에 처음 온 순간 표현하기 힘든 그 무엇이 나를 끌어당겼다. 바르셀로나는 무척 아름다운 곳이다. 풍부한 역사를 가지고 있으며 문화와 문화가 만나는 곳이다. 사람들은 친절하고 기후는 온화하다. 사람들 모두 각자의 이야기를 가지고 있으며 그 이야기들에 대한 가치를 부여할 줄 아는 사람들이다. 그리고 무엇보다도 인종 차별이 없다. 어디서 태어났는지는 중요하지 않다. 지금 바르셀로나에서 살고 있다는 것만이 중요하다.

바르셀로나에서 12년을 살았다. 처음 몇 년간은 사그라다 파밀리아 앞에서 일했다. 사그라다 파밀리아는 관광객이 매우 많고 또 밀집되어 있어서 벌이가 좋았다. 그러나 차 소리, 사람 소리, 그리고 먼지와 매연이 심해 이곳 구웰 공원으로 옮겼다. 구웰 공원은 고지대라 공기도 좋고 넓은 공간에 사람들이 분산되어 있어서 복잡하지도 않다. 그리고 아무리 더운 여름날이라도 내가 일하는 이곳 시장광장은 그늘이 져서 시원하다. 기둥사이로 불어오는 선선한 지중해 바람을 호흡할 수 있는 이 보다 더 좋은 곳이 어디 있겠는가. 게다가 기타, 바이올린, 첼로 등으로 연주하는 거리악사들의 감미로운 음악을 하루 종일 들을 수 있는 것은 덤이다.

여기서 하루 다섯 시간 정도 일하고 25유로에서 30유로를 버는데 그것이면 살아가는 데 어려움은 없다. 삼일에 담배 한 갑 피우고 바르에도 잘 안 간다. 일하는 시간 외에는 운동도 하고 청소도 하고 시장도 본다. 이곳에서 일하는 것은 일종의 휴가이다. 봐라 얼마나 많은 사람들이 비행기를 타고 이곳에 오는가. 그들에게 휴가면 나에게도 휴가다.

아이들이 나를 보고 좋아하는 것을 보면 나도 좋다. 우는 아이들도 내가 재미있는 표정을 지으면 웃는다. 인생은 아름답지 않나? 바람에 흔들리는 작은 나무 이파리, 때가 되면 꽃이 피고, 햇볕도 너무 좋고. 그런데 왜 하필 사무라이냐고? 그들은 그들의 이야기를 갖고 있는 것 같다. 명예에 살고 명예에 죽는 그들의 인생이 좋다."

노래는 내 인생의 모든 것, 안또니오

Antonio

　구웰 공원 운동장은 바르셀로나에서 가장 열린 곳 중 하나다. 지중해를 향해 트인 운동장에 서면 햇볕에 내어놓으면 증발해버리는 해파리처럼 아무리 큰 슬픔도 금방 증발해버린다. 이곳에서는 슬픔이나 괴로움과 같은 감정은 생겨날 수가 없다. 그러나 그 환한 운동장에서 슬픔의 노래, 한의 노래를 부르는 사람이 있다. 구웰 공원에서 가장 얼굴이 검은 사람, 그의 깊게 패인 주름은 그가 살아온 삶이 순탄하지 않았음을 한눈에 알 수 있게 해준다.

"내 이름은 안또니오 에레디아 까르마나Antonio Heredia Carmana. 나는 1960년 플라멩꼬의 본고장, 그라나다에서 태어났다. 난 집시다. 모든 집시들처럼 내 몸에도 떠돌이의 피가 흐른다. 어릴 때부터 따블라오(Tablao, 선술집)나 거리에서 플라멩꼬 노래(깐데 혼도Cante Jondo)를 불렀다. 내가 태어난 그라나다는 물론이고 세비야, 우엘바, 마드리드 등 스페인 여기저기를 떠돌아다니며 노래를 불렀다. 거리의 삶은 언제나 불편하고 힘들었지만 적어도 노래를 부를 때만큼은 행복했다. 그 순간의 마약 같은 행복으로 지금까지 살아온 셈이다.

거리에서 사람을 만났고 그들을 사랑했고 또 가끔은 미워하기도 했다. 내 인생의 모든 것을 거리에서 배웠으니 거리는 학교였고 거리는 내가 읽은 유일한 책인 셈이다. 보통 사람들에게는 잘 이해가 안 되겠지만 부평초 같은 불안한 삶이 더 좋다. 내 나이 이제 오십이니 사십 년 이상을 떠돌며 노래만 부른 셈이다.

지금은 구웰 공원 운동장에서, 아주 가끔은 정문 옆 동굴에서 노래를 부르고 있다. 이곳에 온 지 9개월이 되었는데 빛과 바람이 너무나 좋다. 지중해가 내려다보이는 전망은 또 얼마나 좋은지. 게다가 이 공원을 만든 사람은 내 이름과 똑같은 안또니오(성은 가우디)가 아닌가. 태양이 가득 내리쬐는 운동장에서 노래를 부르면 내 온 몸이 타들어가는 것 같다. 남아있는 지난밤의 슬픔의 찌꺼기들이 다 증발해버리고, 그렇게 하루를 보내고 내려가면서 맞는 저녁 무렵의 바람은, 그리고 바르에서 마시는 시원한 맥주 한잔의 기쁨을 어디에서 찾을 수 있을까.

플라멩꼬는 슬픔의 음악이다. 그러나 슬픔으로 슬픔을 치료할 수 있는 것이 플라멩꼬다. 내 노래는 슬프지만 사람들은 내 노래를 듣고 기뻐한다. 슬픔으로 만드는 기쁨, 그것이 플라멩꼬다. 내 인생도 마찬가지다. 인생은 괴로움의 연속이지만 노래하는 순간만큼은 행복하다. 플라멩꼬는 내 인생의 모든 것이다.

Nadie hable mal del díahasta que la noche llegue

yo he visto mañanas tristes tener las tardes alegres...

어느 누구도

밤이 오기 전까지는

그날 하루가 나빴다고 말하면 안 돼

오전에는 슬펐지만

오후에는 즐거웠던 날이

한두 번이 아니었잖아……

한글 배우는 학생 알레한드로

Alejandro

　알레한드로Alejandro를 처음 본 것은 한국어를 배우는 학생들의 웅변대회에서였다. 까딸루냐 주정부에서 운영하는 공인언어학교Escuela Oficial de Idioma의 한국어 교사로부터 한국어를 배우는 학생들의 웅변대회 심사위원으로 와달라는 부탁을 받고 갔었다. 그때 한 학생이 한글의 우수성에 대해서 발표하는데, 내용이나 발음, 그리고 제스처까지 어느 하나 흠잡을 데가 없이 완벽했다. 까달루냐 학생이 한국어를 배운다는 것도 신기했지만 그 정도로 한국어를 잘 하는데 대해 고맙기도 했고 놀랐다. 그 학생이 바로 알레한드로였다.

이후 몇 번의 공사석에서 알레한드로와 이야기를 나누게 되었고 자연스레 한국과 한글, 그리고 한국 사람에 대한 그의 관심과 애정을 알 수 있었다. 아래 이야기는 알레한드로가 나에게 이야기 해준 한글과 한국을 사랑하게 된 그 나름의 스토리다.

"그녀를 만나기 전까지 한국은 아시아 어딘가 있는 '나라' 정도였다. 올림픽과 태권도가 한국에 대해서 아는 전부였다. 그녀를 만나고 내 생각의 중심에 서서히 한국이 자리 잡았다. 그녀가 스페인어를 잘 했지만 한국어로 그녀와 이야기하고 싶었다. 마침 바르셀로나에 있는 시영 어학당에 한국어 과정이 개설되었고 그 과정에 등록하여 한국어를 공부하기 시작했다. 그때가 지금으로부터 2년 4개월 전이었다.

한국어로 노래를 듣고 영화를 보고 그녀와 이야기할 수 있다는 것이 너무 신기하고 또 좋았다. 돌솥비빔밥, 전주비빔밥, 불고기, 김치 같은 한국 음식은 왜 그렇게 맛있는지. 한국 음악과 한국 영화는 또 왜 그렇게 좋은지. 점차 한국과 한국어 자체가 좋아졌다.

그동안 한국에는 세 번 다녀왔다. 두 번의 여행은 한국과 한국어를 배우고자 하는 열망에 불을 지폈다. 이후 시영 어학당 주최 한글 웅변대회에서 1등한 부상으로 다시 한 번 한국에 다녀올 수 있었다. 그런데 그녀를 만나기 위한 여행이 그녀를 마지막으로 보는 여행이 되어 버렸다. 그러나 한국은 그녀와는 별개로 나에게 다가와 있었다. 그리고 혼자서 경주, 부산, 서울, 전주, 판문점을 여행했다. 판문점에 갔을 때는 영하 25도였다. 태어나서 그렇게 지독한 추위는 처음이었다.

지금은 일주일에 다섯 시간 한국어를 배우고, 가끔 한국 기업의 일을 한다. 나는 한국의 모든 것이 다 좋지만 특히 일하는 방식이 마음에 든다. 정열적이고 성취적이고, 목표를 이루기 위해 할 수 있는 모든 일을 다 하는 태도가 정말 마음에 든다. 스페인 사람들은 그렇지 않거든. 한국 사람들은 안 될 것 같아 보이는 일들도 결국은 해 낸다. 한국 사람들의 이러한 방식에 자극을 받는다.

내가 다니는 어학당에 한국어를 배우는 외국인이 100명이 넘는다. 특히 올해 75명 정도가 새로 등록을 했는데 등록한 학생의 대부분은 한국 드라마를 보다가 한국을 알게 되고 조금 더 한국을 잘 알고 싶어 한국어를 배우게 된다. 그러다가 한국 음식을 좋아하고 한국 사람을 좋아하고. 나는 한국 드라마 〈아이리스〉와 〈시크릿 가든〉을 좋아한다.

앞으로도 한국어를 계속 공부할 것이고 한국과 관련된 일을 하고 싶다. 그러기 위해서 한국과 바르셀로나간에 교류가 더 많아졌으면 좋겠고 더 많은 한국 사람들이 바르셀로나에 왔으면 좋겠다. 개인적인 한 가지 바람은 바르셀로나에 한국 음식점이 더 많이 생겼으면 좋겠다."

자동차 디자이너 까를로스

Carlos

까를로스Carlos는 2009년에 나와 같이 MBA 과정을 들었던 친구다. 항상 친절하고 모든 일에 성의를 다 하는 친구라 스페인어권 학생들에 비해 스페인어가 부족한 나에게 많은 도움을 주었다. 그는 스페인 북쪽 우에스까Huesca 출신으로, 20년째 바르셀로나에 살고 있는 자동차 디자이너다. 그의 고향 우에스까는 인구 5만 명에, 산업기반이 없어 젊은이들이 미래를 펼쳐나가기에는 적당하지 않는 도시란다. 까를로스의 아버지는 까를로스가 마드리드나 바르셀로나 같은 대도시에서 공부하기를 원했고 마드리드보다는 산업적으로 활기찬 바르셀로나에 오게 되었다.

"처음은 그야말로 지옥이었다. 까딸루냐어로 수업을 하는 것도 싫었고 왠지 모르게 아이들에게서 높은 담이 느껴졌다. 빨리 공부를 끝내는 것만이 싫은 바르셀로나를 떠나 고향으로 돌아갈 수 있는 유일한 방법이라고 생각하여 열심히 공부했다. 그런데 막상 공부를 끝내고 나니 바르셀로나가 예전처럼 싫지가 않았다. 세 군데의 회사에 이력서를 보냈고 그중 한 회사에 취직을 하고 그렇게 바르셀로나에 살다보니 이제는 바르셀로나를 떠나서 산다는 것은 상상도 할 수 없을 정도로 바르셀로나가 좋아졌다."

까를로스가 나와 같이 MBA를 하던 2009년의 스페인은 경제적으로 참 어려운 해였다. 건설, 자동차, 관광 등 스페인의 주요 산업은 글로벌 경제위기의 직격탄을 맞았고 특히 자동차 공장이 많은 바르셀로나와 까딸루냐 경제는 자동차 산업의 위축으로 몹시 힘든 시기를 보내고 있었다. 까를로스는 미래에 대한 불확실성을 줄이기 위해서는 자신에 대한 투자가 최선이라는 생각에 MBA를 하기로 마음먹은 것이다.

그와 함께 프로젝트를 한 것은 나에게 큰 도움이 되었다. 스페인 젊은이들이 어떻게 구상을 하고 어떻게 그 구상을 완성해 나가는지를 볼 수 있었다. 결과를 먼저 생각하고 그 결과에 맞게 과정들을 끼워 맞추는 내 방식이 귀납적이라면 사전 단계들을 먼저 생각하고, 그 단계에 따라 결과를 찾아나가는 까를로스의 방법은 연역적이었다. 뻔히 보이는 결과에 바로 다가가지 않고 과정들을 애써 밟아가는 것이 당시에는 참 비효율적이고 답답해 보였다. 그러나 나중에 문제가 생겼을 때 어디가 잘못되었는지를 바로 알 수 있고, 또 그 해결방법을 쉽게 찾을 수 있다는 점에서 장점이 있었다. 나중에 보니 이것이 스페인 사람들의 일반적인 일처리 방법인 것도 알 수 있었다.

스페인의 가장 큰 문제는 실업이다. 2011년 일사분기 스페인의 공식적인 실업률은 21.94%이다. 우리나라 경우라면 폭동이 일어날만한 수준이다. 더 걱정스러운 것은 2010년 말 기준 청년실업률이 43% 수준이다. 일할 수 있는 청년들 중 반은 놀고 있다는 이야기다. 게다가 청년 실업자들 중에는 충분히 일을 할 수 있음에도 불구하고 아무런 일도 하지 않는 니니(Ni Ni, 일하기도 싫어하고 공부하기도 싫어하는 젊은이를 지칭하는 말)족들이 많이 포함되어 있다고 한다.

까를로스에게 바르셀로나는 고향 이상이다. 언제나 열려있으며 원하는 모든 것이 다 있는 바르셀로나는 그의 미래이다. 바르셀로나 인근 작은 월세 아파트에 혼자 살고 있는 그는 일 년째 일주일에 두 번 비즈니스 스쿨 영어강좌를 듣고 있다. 내년에는 중국 상해에서 살 꿈을 키우고 있다. 중국 진출을 생각하는 회사라서 보내 줄 가능성이 많다고 한다. 새로운 세상에서의 생활은 그의 삶을 한없이 자극시킬 것이라며 한껏 부풀어있다.

하지만 그가 최종적으로 정착할 곳은 바르셀로나다.

추상은 나의 힘, 화가 아나

Anna

    멀게는 13세기, 14세기 바르셀로나 중세의 영광이 남아있는 길, 피카소 미술관이 있고 바르셀로나 디자인의 중심 디자인허브DHUB가 있는 길, 그래서 예술적이면서 낭만적이고, 감성적이면서 인간적인 길, 몬따까다Montacada.

    그 길의 맨바닥에 쪼그리고 앉아 그림을 그리는 아가씨가 있었다. 물감으로 범벅이 된, 무릎이 해진 파란색 바지와 그 위에 덧입은 조금은 촌스런 주황색 치마, 질끈 동여맨 금발의 머리, 그리고 점박이 스카프. 보푸라기가 일어날 정도로 낡은 보라색 스웨터 사이로 보이는 그녀의 손은 가냘펐으나 진지했다. 간혹 지나가는 사람들이 말을 걸어오면 그림그리기를 멈추고 친절하게 답했

추상은 나의 힘, 화가 아나

다. 오후 네 시의 몬따까다 길은 그늘이 깊고 길었으며, 그녀의 웃음은 800년이 넘은 오래된 골목 안쪽으로 구슬소리를 내며 굴러갔다. 나 역시 그 길을 지나가던 사람 중 한사람이었고 짧은 몇 마디 대화만 나누었을 뿐이다. 그리고 책상 한쪽에 놓아둔 그녀가 직접 만든 명함을 볼 때면 그녀의 맑은 미소가 떠올랐다. 그렇게 몇 달이 지난 어느 오후, 책에 그녀의 이야기를 담고 싶어 전화를 걸었더니 나를 정확하게 기억하는 게 아닌가. 그리고 역시 흔쾌히 인터뷰에 응해주었고 며칠 후 그녀의 작업실에서 진한 커피 향기와 함께 이야기를 나눌 수 있었다.

"아나 맥닐Anna Mcneil. 스코틀랜드 베스라는 작은 마을에서 태어난 그녀는 그림을 취미로 하는 엄마의 영향으로 아주 어렸을 때부터 그림을 그렸다. 그냥 좋아서 시작한 그림은 한 번도 싫어진 적이 없었고 자연스레 대학에서 전공으로 이어졌다.

스페인과의 인연은 5년 전, 같이 공부를 하던 스페인 친구의 고향인 안달루시아 구아로Guaro에서 4개월 정도 체류한 것이 시작이다. 도시의 생활과 달리 그곳에서의 생활은 모든 것이 느렸다. 그러나 느리다고 문제될 것은 없었다. 걱정 없이 늦잠을 잘 수 있다는 것, 늦은 아침을 먹고 공원이나 길로 나가 마음껏 태양을 즐길 수 있다는 것과 같은 어찌 보면 소소한 일들, 그리고 어스름 저녁 서늘한 바람에 흘러내리는 머리카락을 쓸어 올리며 마시던 알싸한 맥주맛. 행복은 멀리 있는 것이 아니라 작은 일상을 적어나가던 조그만 수첩 속의 깨알 같은 글씨 속에 있었다. 그리고 그림은, 그리고 싶을 때만 그렸다.

구아로에 있으면서 바르셀로나에 몇 번 여행을 왔는데 느낌이 너무 좋았다. 큰 도시지만 지하철이나 버스를 한번 타면 도심이든 해변이든 어디든 갈 수 있는 것도 그렇고 파리, 로마, 런던 등 다른 유럽 도시들과의 접근성이 좋다는 것도 매력적이었다. 바르셀로나는 마음만 먹으면 유럽의 각 도시에서 활동하고 있는 예술가들과 서로에 대한 예술적 생각들을 이야기 할 수 있는 도시였다. 또한 예술적 감각을 항상 깨어있게 하고 그림에 대한 열정을 불러일으키는 도시였다. 몇 번 여행에서 아예 바르셀로나에 주저앉아버렸다. 그리고 4년이 흘렀다. 비슷한 감각을 가진 사람들과 함께 버스터미널 뒤편 낮은 건물의 1층과 지하층을 빌려 작업실로 사용하면서 갈수록 바르셀로나의 매력에 흠뻑 빠져들었다.

바르셀로나의 모든 것이 다 좋지만 빛이 특히 좋다. 바르셀로나의 빛은, 빛을 받는 부분을 더욱 두드러지게 하고 빛을 받지 않는 부분은 그림자를 깊고 길게 한다. 고딕지구나 보른지구의 구도심은 흑백의 모노톤이다. 이러한 흑백의 모노톤은 나의 그림 스타일에 꼭 맞는다."

그것이 그녀가 구도심 골목에서 그림을 그리는 이유다. 그녀는 위엄을 갖춘 일방향의 화가가 아니라 그녀의 그림에 관심을 갖는 사람들과 대화를 나누는 쌍방향의 화가가 되고 싶어 한다. 그것

barcelona

또한 그녀가 골목에서 그림을 그리는 또 하나의 이유다.

　그녀가 거리에서 그림을 그리는 것을 좋아하듯 다른 거리 화가들의 그림 역시 좋아한다. 거리 화가들의 그림 중 마음에 드는 것을 발견하면 바로 산다. 거리에서 50유로를 주고 산 그림이 갤러리에 걸려있다면 10배, 20배 높은 가격이 붙어있을 수도 있다. 500유로짜리 그림을 50유로에 살 수 있는 것이 거리의 매력이다. 거리에서 그린다고 50유로 가치로 작정하고 그리는 화가가 어디 있나. 잘하면 거리에서도 갤러리 그림에 능가하는 것을 고를 수도 있다.

　그녀의 작업실은 창고를 개조한 것이다. 온갖 물건들이 널려있는 공간에 수많은 그림들이 걸려있으니 좀 어지럽다. 거기다가 인형극을 하는 작업실 동료들의 줄이 달린 인형들 역시 좀 그로테스크한 분위기를 풍긴다. 그림을 그리지 않을 때는 아코디언을 배운다고 한다. 작업실 앞 햇살 좋은 공원에 가서 일광욕을 즐기기도 하고 밤이면 친구들과 인근 보른지구에 가서 모히또를 마시는 것도 즐거움 중 하나다. 말아서 피우는 담배와 내려 마시는 커피 역시 그녀의 삶을 풍요롭게 해주는 좋은 친구들이다.

다시 바르셀로나로

다시 바르셀로나로

페란 길에 있는 카페떼리아 쉴링 넓은 창가에 앉아 출판사에서 보내온 마지막 교정지를 읽으면서 문득 독자들이 내가 스페인 바르셀로나에 정착하게 된 과정에 대해 궁금해 할 것 같다는 생각이 들었다. 물론 글 중간 중간에 그에 대한 이야기들이 언급되어 있기는 하지만 조금 더 자세하게 이야기하는 것이 이 책에 담긴 바르셀로나에 대한 나의 무한한 애정이 설명될 것 같다.

한 해를 보내고 새로운 해를 맞이하는 12월이 되면 사람들은 저마다 새해에 대한 계획을 세우곤 한다. 중앙부처 공무원 생활 10년이 지나던, 그리고 새로운 밀레니엄을 맞이하는 기대로 모든 사람들이 들떠 있던 1999년 말, 지금 생각해보면 조금은 뜬금없는, '새해에는 스페인어 공부를'이라는 계획 하나를 세웠다. 그리고 그 해 마지막 날 교보문고에서 산 ≪종합기초스페인어≫라는 책 한 권이 결국 나와 내 가족을 이곳 바르셀로나까지 오게 했다.

그때는 지금과 달리 스페인어 학원이 흔치 않아 독학을 해야만 했다. 스페인어를 한 번도 공부해본 적이 없어 알파벳부터 시작해야 했다. 동사변형 등 외울 것이 많았는데도 이상하게 하면 할수록 재미있었다. 내친 김에 외국어대학 어학당 야간 과정에 등록해서 매일 밤 퇴근 후 네시간씩 공부를 했다. 직장이 있는 과천에서 이문동까지 가는 것이 육체적으로 쉬운 일은 아니었지만 수업은 재미있었다.

몇 년 안에 큰 성과를 기대하고 시작한 공부는 아니었지만 공부를 하다 보니 욕심이 생겼다. 그리고 운도 좋았던 것 같다. 2001년 여름 행정자치부 주관으로 있었던 중앙부처 공무원을 대상으로 한 해외유학 프로그램 중 스페인 지역 유학대상자로 선발되어 스페인과 인연을 맺게 되었다.

2002년 봄, 가족과 함께 스페인 유학길에 올랐다. 그때는 바르셀로나가 아닌 마드리드 부근의 살라망까Salamanca라는 아름다운 대학도시를 택했고 살라망까 대학에서 중남미경제를 공부했다. 살라망까에서의 생활은 환상적이었다. 친절한 이웃을 만난 것도 행운이었고 중남미 각국에서 온 좋은 클래스메이트들을 만난 것도 행운이었다. 그리고 무엇보다 도시가 낭만적이었다. 대학건물 옆에 성당이 있었고 성당 옆에는 까페떼리아와 선술집이 있었다. 그리고 그 옆에 집이 있는 도시 살라망까. 집 뒤 헤수이따스Jesuitas 공원에서 조깅을 하면서 맡았던 아침 풀냄새는 지금도 잊을 수가 없다. 열심히 공부했고 방학이면 열심히 여행했다. 그 이년반의 생활 매일 매일을 홈페이지에 올렸는데 제법 많은 독자가 있었다.

살라망까에서의 이년반 유학생활을 끝내고 다시 한국으로 돌아왔다. 마침 배치 받은 부서가 한국과 중남미, 그리고 한국과 스페인과의 경제협력을 담당하는 곳이라 살라망까 대학에서 배운 지식들이 유용했고 그래서 재미있게 일할 수 있었다. 그 3년 동안 스페인은 물론이고 아르헨티나, 브라질, 칠레, 콜롬비아, 과테말라, 멕시코, 쿠바, 트리니다드 토바고 등 거의 모든 중남미 국가들을 다녀올 수 있었던 것도 지금 생각해보면 행운이다. 스페인과 중남미 관련 업무를 하면 할수록, 그리고 이 나라들을 알면 알수록 더 애착이 생겼다. 특히 그중에서도 스페인은 단순히 이년 반을 살았던 나라 이상의 의미로 다가왔다.

아내를 설득했다. 스페인에 가서 살자고. 그리고 이번에는 아이들 교육문제도 있고 하니 국제학교가 있는 바르셀로나에 가자고. 한국으로 돌아간 지 딱 3년 만에 바르셀로나에 왔다. 늦은 나이였지만 바르셀로나 대학에서 고급스페인어 과정을 1년간 공부했고, 이어서 2년 동안 바르셀로나 비즈니스 스쿨에서 MBA 과정을 했다. MBA 과정에서는 각종 프로젝트 준비와 계속되는 시험에 아주 바쁜 나날을 보냈다. 영국 국제학교에 입학한 아이들은 영어는 물론, 스페인어, 불어까지도 능숙하게 구사하는 등 바르셀로나에 온 가장 큰 목적도 이루어지고 있었다.
그렇게 3년이 지나고 다시 한국에 돌아가야 할 때가 되었다. 휴직을 하고 왔기 때문에 공부가 끝났으니 다시 돌아가서 일을 해야 했다. 2010년 9월 다시 한국행 비행기를 탔다. 그러나 이번에는 혼자였다. 한참 재미있게 공부하고 있는 아이들에게 한국으로 돌아가자고 할 수 없었다. 3년 만에 다시 직장에 복귀하였는데 왜 그렇게 낯설던지. 누구에게도 말을 안했지만 직장 복귀 첫날 낯선 복도를 걸으며 이 직장을 오래 다니지 못할 것이라는 예감이 들었다.

한국에서의 생활. 흔히 말하는 기러기아빠의 생활. 과천 옆 인덕원이라는 곳에 오피스텔을 얻어 생활하는데 재미가 없었다. 퇴근 후 동료들과 소주 한잔하는 것이 유일한 즐거움인 나는, 이미 바르셀로나의 생활에 너무나 깊게 젖어있었다. 그래서 결심을 했다. 흔히 말하는 안정된 직장을 버린다는 것이 쉬운 일은 아니었지만 그러나 어떻게 좋은 것 두 개를 한 손에 쥘 수 있나. 좋은 것 두 개 중 하나를 버려야 한다면 직장을 버릴 수밖에 없었다. 2010년 12월, 그렇게 다시 바르셀로나에 왔다.

아주 가끔씩 그냥 다니던 직장에 다닐 걸 그랬나, 하는 생각을 하기는 한다. 모든 것이 불확실한 이곳에서의 생활이 그리 녹록한 것은 아니다. 공부만 할 때와는 달리 이제는 생활이라는 것을 해야 하기 때문에 막연하게만 생각했던 것들이 현실적인 어려움이 될 때는 걱정도 크다. 하지만 이제 주사위는 던져졌고 돌아갈 다리도 사라졌으니 앞만 보고 달려야 한다. 다행히 아직까지 내가 선택한 이 도시가 단 하루도 싫은 적이 없었다. 이 좋은 도시에 더 많은 한국 사람들이 와서 더 쉽고 더 편안하게 지낼 수 있도록 하는 것이 이곳에서 내가 하고자 하는 일이다. 이곳의 좋은 것들을 한국에 가져가는 것도 내가 하고자 하는 일이다. 그런 의미에서 볼 때 이 책을 펴내게 된 것이 그러한 일의 처음이라고 할 수 있겠다.

바르셀로나는 안전하고 즐거운 도시다. 조류가 만나는 곳에는 플랑크톤이 풍부한 법. 유럽, 아프리카, 중남미, 아시아, 중동 등 세계의 문화가 함께 만나는 곳이라 언제나 재미있는 볼거리가 넘쳐난다. 소매치기가 많다는 말을 하지만 조금만 조심하면 서울보다 더 안전한 도시가 바르셀로나다. 이 세상에 밤늦게 아무 문제없이 다닐 수 있는 도시가 과연 몇이나 될까. 바르셀로나는 밤늦은 시간에도 아무 걱정 없이 다닐 수 있는 도시다.

정신없이 일만 하다가 한두 달 쉬고 싶을 때 또는 직장이나 직업을 바꾸면서 차분히 생각할 필요가 있을 때 바르셀로나에 올 것을 추천한다. 그리고 40대나 50대 자의든 타의든 다니던 직장을 그만두게 될 때 바르셀로나에서 새로운 인생을 시작해보라고 권하고 싶다. 아이들 교육과 높은 수준의 삶을 영위할 수 있는 도시 바르셀로나는 생각보다 먼 곳에 있지 않다. 보다 많은 한국 사람들이 바르셀로나와 인연을 맺도록 도움이 되고 싶다.

바르셀로나 컨닝페이퍼

tip :   barcelona

바르셀로나 도착 후 시내로 오는 방법

항공편

바르셀로나공항(BCN) ≫ **시내**

공항철도 06:08부터 23:38까지 매 30분 간격으로 운행하며 산츠역까지 20분 소요. 10회권 T10(8.25 유로)로 탈 수 있으므로 공항철도역 자동판매기에서 구매한다. 공항철도 타는 곳은 T2 터미널에 있으므로 T1에 도착하는 경우 무료 셔틀버스로 T2터미널로 이동.

공항버스 T1터미널에서 출발하는 A1버스인 경우 06:10에서 01:05 사이에 5~10분 간격으로 운행. T2터미널에서 출발하는 A2버스인 경우 06:00에서 01:00 사이에 10~20분 간격으로 운행. 요금은 5.3유로(왕복 9.15유로)이며, 스페인 광장 25분, 까딸루냐 광장 35분 정도 소요. 버스표는 승강장 매표원이나 판매기(현금, 신용카드 둘 다 가능) 또는 기사에게 직접 구입할 수 있다.(현금만 가능) 왕복표는 9일간만 유효. 4세 이하만 무료이며 어린이 할인은 없다. 공항(T1터미널 또는 T2터미널) → PL. ESPANYA(1호선, 3호선) → GRAN VIA URGELL(1호선) → PL. CATALUNYA(1호선, 3호선)

택시 미터요금+공항요금(3.1유로)+트렁크(트렁크 하나당 1유로)로 계산한다. 평일 낮인 경우 스페인 광장까지 약 20유로, 까딸루냐 광장까지 약 25유로, 사그라다 파밀리아까지 약 30유로 정도.(여기에 공항요금과 트렁크 요금 추가) 금, 토, 일요일 및 공휴일 야간(00:00 06:00)에는 2유로의 추가요금. 2009년부터는 뒷좌석까지 안전벨트 착용이 의무화되었다.

심야버스(N17) 21:50부터 04:40분까지 20분 간격으로 운행하며 스페인 광장 등에 정차하며 까딸루냐 광장이 종점. T1에서 출발하여 T2에도 정차.

히로나공항(GRO) ≫ **시내** 바르셀로나에서 약 85km 떨어져 있다. 바르셀로나까지 셔틀버스가 항공편의 도착시간과 연계하여 출발(편도 12유로, 왕복 21유로). 북버스터미널(Estacio del Nord)에 도착하며, 약 1시간 10분 정도 소요된다. 시간은 수시로 변하므로 버스회사 홈페이지에서 확인.(www.sagales.com)

레우스공항(REU) ≫ **시내** 바르셀로나에서 약 100km 떨어져 있어 셔틀버스가 항공편 도착시간과 연계해서 출발하며, 산츠역에 도착한다. 버스시간표는 수시로 변하므로 홈피에서 확인.(www.igualadina.com)

기차편 ≫ **산츠역** 마드리드, 그라나다 등 스페인에서 올 때는 바르셀로나 중앙역인 산츠(Sants)역에 도착한다. 지하철 3호선과 5호선과 연결(지하철 역이름 Estacio Sants)되며, 까딸루냐 광장까지 6정거장, 스페인 광장까지 2정거장이다.

프란샤역 파리, 밀라노 등 외국에서 오는 기차 정차역. 지하철역 4호선 연결(지하철 역이름 Barceloneta). 시청과 피카소 미술관으로 갈 수 있는 Jaume I 역까지 1정거장, 까딸루냐 광장 부근 Urquinaona까지 2정거장이다.

버스편 ≫ **Estacio Nord(북버스터미널)** 스페인 각지와 유럽에서 오는 버스가 도착하는 곳. 전철은 1호선 Arc de Triomf역 연결. 까딸루냐 광장 부근 Urquinaona까지 1정거장이다. 안도라 등 일부 지역 버스는 산츠역 버스승강장에 도착.

바르셀로나 시내 대중 교통

마드리드와 달리 바르셀로나의 경우 관광지들이 흩어져 있어 도보만으로 다니는 것은 불가능. 지하철, 버스 등이 관광지 구석구석을 연결하고 있고 택시도 그리 비싼 편이 아니므로 한 교통수단만 고집하지 말고 푸니쿨라, 케이블카, 자전거, 유람선 등 다양한 대중교통을 적절하게 이용하는 것이 좋다.

지하철(METRO) 총 6개의 지하철노선 바르셀로나 전역을 운행
월~목요일, 일요일(공휴일 포함) : 05:00~24:00, 금요일 05:00~02:00. 토요일 밤새 운행. 요금은 1회권(1.45유로), 10회권(8.25유로) 등이 있는데 하루 이상 머무는 관광객이라면 10회권 구입. 승차권은 지하철 역 자동판매기에서 판매. T10으로 지하철, 버스, 트램, 몬주익 푸니쿨라 등 대부분의 교통수단 이용 가능.(단 몬주익 케이블카, 항구 유람선, 띠비다보 뜨람비아 블라우는 별도 구매)•1시간 15분 내 환승하는 경우 무료.
버스(Autobus) 구간에 따라 버스를 이용하는 것이 좋으며 구웰공원갈 때(24번, 92번), 몬주익성 갈 때(193번)는 반드시 버스를 이용
이용방법 지하철표로 같이 사용하며 기사 옆쪽에 있는 검표기에 표를 집어넣으면 된다.
택시(Taxi) 바르셀로나의 택시는 안전하고 편리하므로 일부 구간 특히 구웰 공원 갈 때는 택시를 권한다.(시내에서 10유로 미만) 택시 승강장을 이용할 수도 있으나 한국처럼 길거리에서 지나가는 빈 택시(초록색불이 켜져 있으며 Libre로 표시)를 잡으면 된다.
투어버스(Bus Turistico) 주요 관광지를 연결하며, 동일 티켓으로 원하는 만큼 타고 내릴 수 있다. 그러나 투어버스를 타고 다닌다고 해서 바르셀로나 관광이 다 해결되는 것은 아님에 주의.
1일권 23유로, 2일권(연속) 30유로인데 하루에 보기는 어렵다는 점을 감안할 때 2일권을 추천. 어린이(4-12세)의 경우 1일권 14유로, 2일권 18유로.
몬주익 푸니쿨라(Funicular de Montjuic) 경사진 곳을 오르내리는 지하철 비슷한 것으로, 지하철 3호선 빠랄렐(Pral-Lel)에서 몬주익 중턱까지 운행. T10으로 이용. 가을과 겨울에는 07:30~20:00, 봄과 여름에는 07:30~22:00까지 운행. 토, 일요일 및 공휴일에는 09:00부터 운행.
케이블카(Teleferic de Montjuic) 몬주익의 푸니쿨라 종점 2층에서 몬주익 성으로 연결되는 케이블카. 편도 6.5유로, 왕복 9.3유로, 어린이(4-12) 편도 5유로, 6.7유로.
바다 건너가는 케이블카(Tranbordador Aereo) 바르셀로네따의 산세바스띠안 탑에서 몬주익의 미라마르 전망대까지 연결. 편도 9유로, 왕복 12.5유로
관광유람선(Las Golondrinas) 콜론탑 앞의 선착장에서 출발. 항구(Puerto)코스가 35분, 해변(Litoral)코스가 1시간 30분. 항구코스 어른 및 학생 6.8유로, 어린이(4~10) 2.6유로, 해변코스 어른 14유로, 학생 11.5유로, 어린이(4~10) 5유로. 계절별로 운행시간이 다르므로 사전에 확인 필요. 보통 11:00경에 시작해서 18:00경에 끝남.(겨울에는 16:00)

바르셀로나 쉽게 보는 법

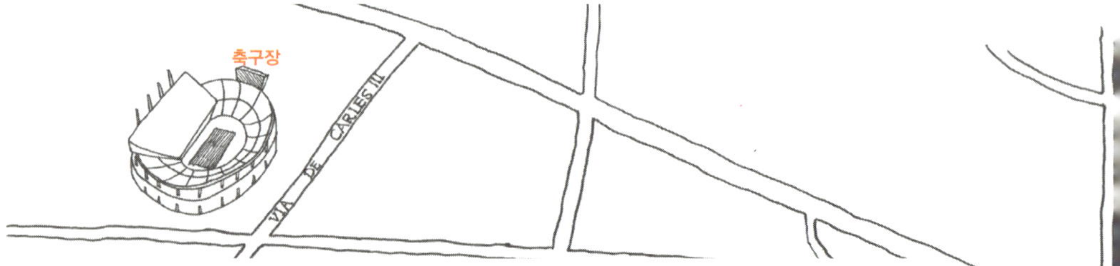

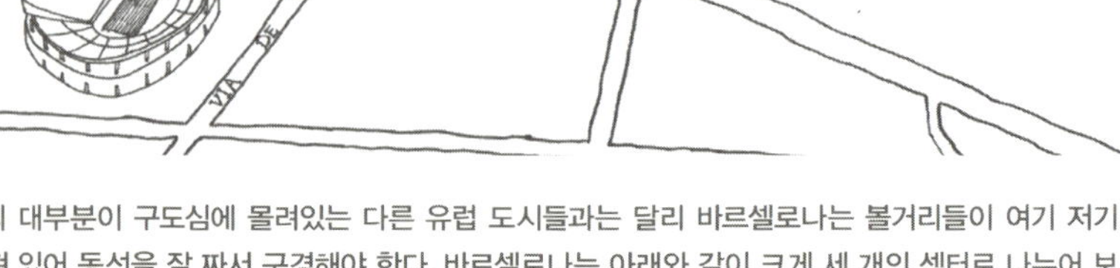

볼거리 대부분이 구도심에 몰려있는 다른 유럽 도시들과는 달리 바르셀로나는 볼거리들이 여기 저기 흩어져 있어 동선을 잘 짜서 구경해야 한다. 바르셀로나는 아래와 같이 크게 세 개의 섹터로 나누어 보는 것이 좋다.

Sector 1 빠랄-렐 왼쪽 몬주익(스페인 광장, 몬주익 성, 후안 미로 미술관)과 바르셀로네따 해변, 람블라스 (느긋하게 하루, 체력소모 조금)

Sector 2 그란비아 위쪽 사그라다 파밀리아, 상빠우 병원, 구엘 공원, 까사 밀라 등 흔히 이야기하는 모더니즘 루트, 람블라스 (바쁘게 하루, 체력소모 큰 편)

Sector 3 빠랄-렐과 그란비아 길 사이 구도심(람블라스 길, 고딕지구, 라발지구)과 항구(람블라 델 마르, 마레마그눔), 람블라스 (약간 바쁘게 하루, 체력소모 중간)

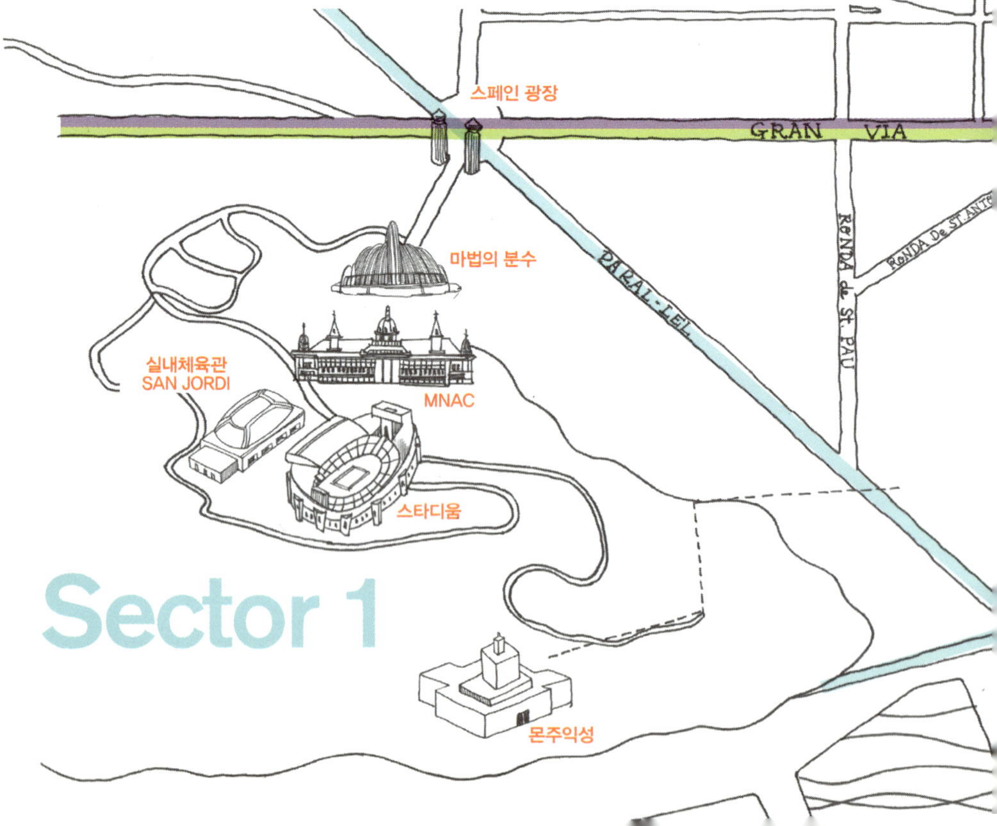

Sector 1

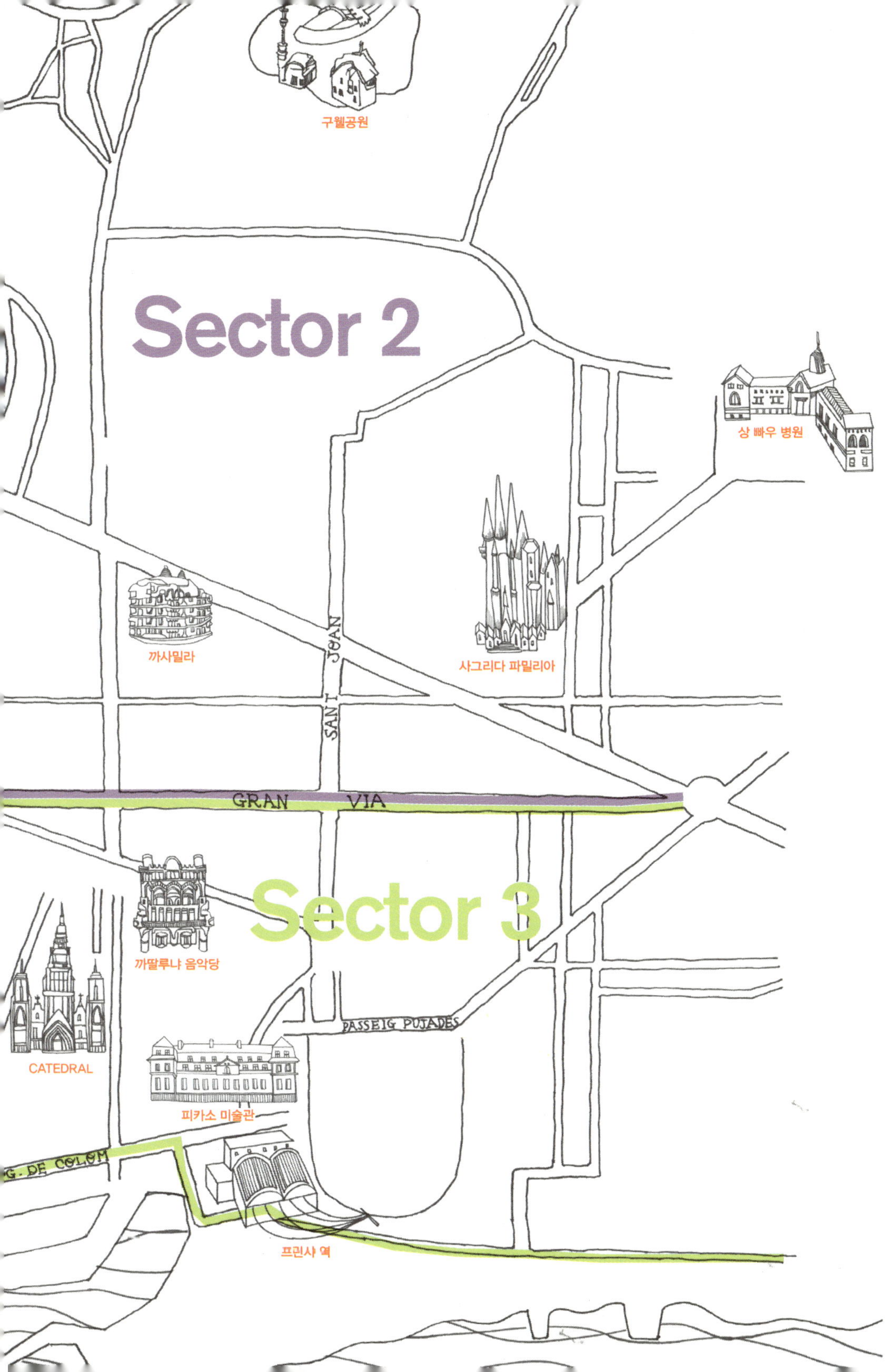
구웰공원
Sector 2
상 빠우 병원
까사밀라
사그리다 파밀리아
SANT JOAN
GRAN VIA
Sector 3
까딸루냐 음악당
CATEDRAL
PASSEIG PUJADES
피카소 미술관
G. DE COLOM
프린샤 역

섹터별 추천 동선

sector 1

뿔라싸 데 에스빠냐(Plaza de Espaa, 스페인 광장) ≫ 까스뗄 데 몬주익(Castel de Monjuic, 몬주익 성) ≫ 미로 미술관 ≫ 빠랄렐(Paral-lel) ≫ 바르셀로나 해변(Barceloneta)

① **뿔라싸 데 에스빠냐(Plaza de España, 스페인 광장)** 지하철 1호선 또는 3호선. 로터리 옆에 있는 붉은 벽돌의 원형 구조물은 최근 개장한 쇼핑몰 라스 아레나스(Las Arenas)로, 옛날 투우장을 개조한 곳으로, ZARA·MANGO 등 의류브랜드와 식당가가 있다.

② **193번 버스** 정거장은 빨간 벽돌로 된 삐쭉 솟은 두 개의 높은 타워 중(로터리를 등지고) 오른쪽 타워 아래에 있다.(버스는 약 20분 간격) 전시회가 있으면 탑 사이길이 폐쇄되는 경우가 많은데 이때는 로터리 쪽(인포메이션 부스 앞)에 임시 버스정거장이 생기므로 인포메이션에 물어볼 것.

③ **몬주익 성** 버스는 오르막을 가다가 내리막으로 내려가기도 하는데 이때 내리지 말고 끝까지 갈 것.(스페인 광장에서부터 약20분 소요) 몬주익 성 앞 전망대에서 바다와 도시 구경. 몬주익 성안에는 무기박물관이 있었는데 지금은 철거했으며 현재 평화박물관으로 바꾸는 공사 중이라 크게 볼 것은 없으나 성 위 옥상에 올라가 시내를 내려다보는 경치가 좋다.

④ **미로 미술관(Fundacion Juan Miro)** 조금 전 내린 종점에서 다시 193번 버스타고 네 번째 정거장에서 내린다.(사람들이 안타고 안 내리면 그냥 통과하므로 첫 번째 정거장이 될 수도 있음에 주의) 약 10분 정도 가다가 오른쪽에 하얀 건물이 보이면 내리면 된다. 자신 없을 경우 기사에게 후안 미로(Juan Miro)라고 이야기하면 알려 준다. 미로 미술관은 아트티켓에 해당되며 정원 까페테리아가 운치 있다.

⑤ **푸니쿨라(Funicular)** 미술관을 나와 조금 전 버스가 온 방향(미술관 정문을 등지고 왼쪽 방향)으로 한 정거장 걸어가면 길 오른 쪽에 하얀색 푸니쿨라(Funicular, 산악열차, T10티켓으로 탈 수 있음) 정거장.

⑥ **버스(57번 또는 157번)** 푸니쿨라에서 내려 환승통로를 통해 빠랄-렐(Paral-lel) 역에서 지상으로 올라와 풍차가 있는 티 Molino 앞에서 57번 또는 157번 버스를 타고 종점까지 가면 바르셀로나 해변 바르셀로네따(Barceloneta).

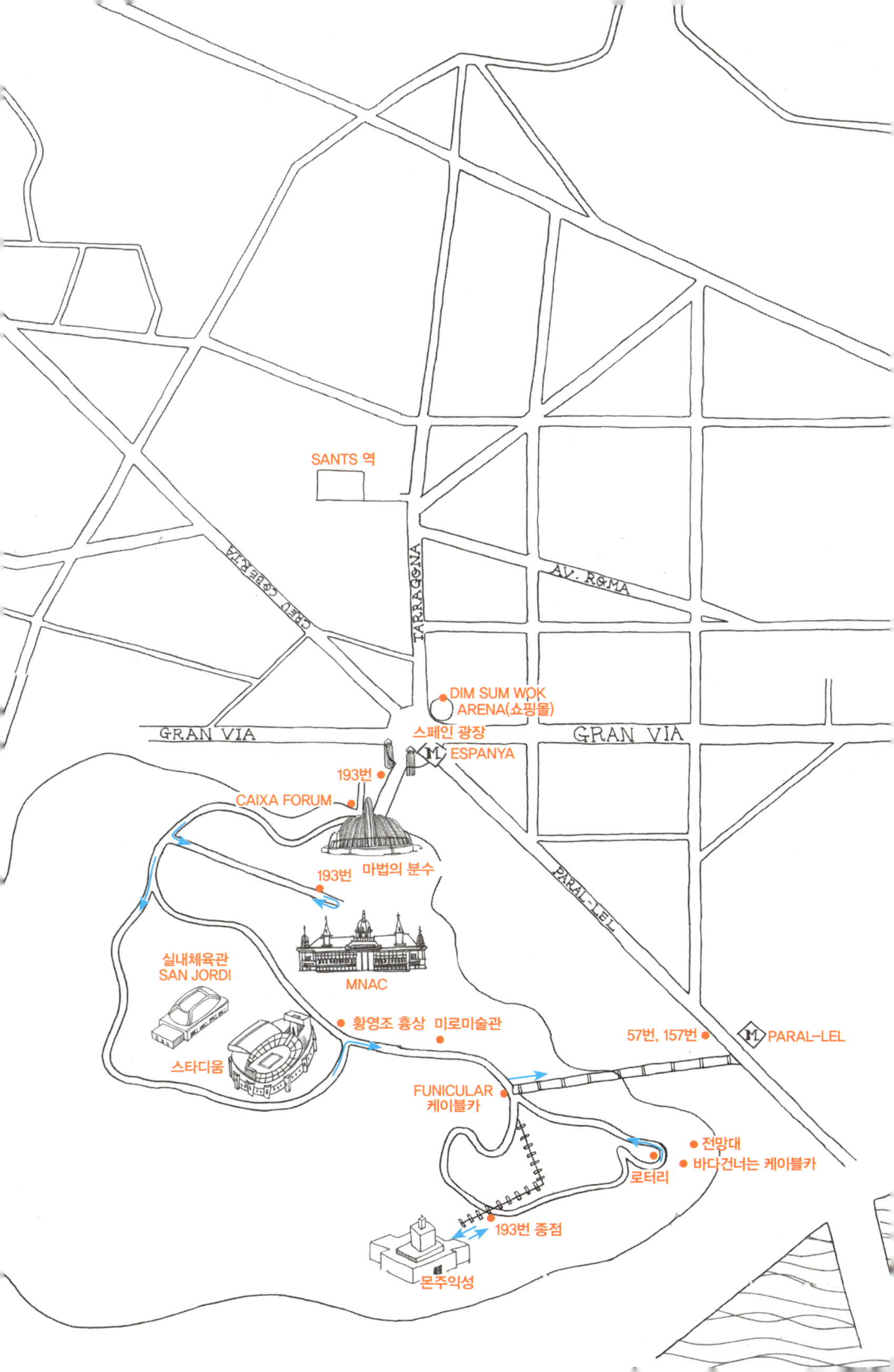

SANTS 역
CREU COBERTA
TARRAGONA
AV. ROMA
GRAN VIA
GRAN VIA
DIM SUM WOK
ARENA(쇼핑몰)
스페인 광장
ESPANYA
193번
CAIXA FORUM
193번
마법의 분수
PARAL-LEL
실내체육관
SAN JORDI
MNAC
황영조 흉상
미로미술관
57번, 157번
PARAL-LEL
스타디움
FUNICULAR
케이블카
전망대
바다건너는 케이블카
로터리
193번 종점
몬주익성

Sector 2

사그라다 파밀리아 ≫ 상 빠우 병원 ≫ 구웰 공원 ≫ 까사 밀라 ≫ 까사 바뜨요 ≫ 까딸루냐 광장

① **사그라다 파밀리아 지하철역** 지하철 2호선 또는 5호선

② **사그라다 파밀리아(성당 내부 → 지하전시장 → 엘리베이터)**
죽음의 벽(Fachada de Pasion)쪽 매표소에서 입장권 구매. 사그라다 파밀리아 바깥에는 두 개의 공원이 있는데 연못이 없는 공원 앞에 있는 벽이 죽음의 벽. 첨탑으로 올라가는 엘리베이터를 타기 위해서는 입장권 살 때 같이 사야한다. 엘리베이터 타는 시간을 지정해 주므로 시간 확인 후 탑승권을 구입. 출구는 입장한 곳 옆으로 있으며 출구를 나와 오른쪽으로 반 바퀴 돌면 탄생의 벽 쪽 공원, 이 공원 연못 뒤가 성당이 가장 잘 보이는 위치(포토 포인트)이다.

③ **가우디길(AV. Gaudi)** KFC와 주유소 사이길로 도보 15분 가면 쌍빠우 병원이 있다.

④ **상빠우 병원** 보수공사 중이라 정문은 폐쇄. 오른쪽으로 150m 가면 문이 있다.

⑤ **구웰 공원 옆문** 상빠우 병원 앞 버스정거장에서 92번 버스타고 구웰 공원 옆문. 약 20분~25분 걸리는데 약 15분 정도 평지를 다닌 후 산길을 올라가다가 오른쪽으로 큰 관광버스 주차장 보이면 하차. 버스 내 전광판에도 표시되나 미심쩍으면 버스 승객들에게 물어볼 것.(Parque Guell, 빠르게 구웰)

⑥ **구웰 공원(야자수길 → 운동장 → 도마뱀 계단 → 정문)** 옆문으로 들어가 야자수가 있는 정면 길로 곧장 간다. 괜히 뒤쪽 산길로 가지 말 것, 전망 외에는 크게 볼 것이 없다. 운동장에 있는 돌 벤치에 앉아볼 것, 허리가 정말 편안하다.(인체공학 설계) 정문 쪽 도마뱀 계단에서 사진 찍을 땐 잽싸게. 기다리다간 내 차례가 안옴. 화장실은 정문 옆에도 있고 운동장 뒤편 동굴 카페테리아 옆에도 있다.

⑦ **레쎕스(Leseps) 지하철역** 구웰 공원 정문으로 나와 오른쪽으로 10m 가면 아래로 내려가는 길 초입에 있는 마을버스 정거장에서 마을버스(116번)타고 레쎕스 지하철역까지. 기사나 승객에게 메뜨로 레쎕스(Metro Leceps)라고 이야기 할 것, 6번째 정거장 약 10분 소요.

⑧ **디아고날(Diagonal) 지하철역(까사밀라)** 마을버스에서 내려 길 건너 버스정거장에서 24번이나 28번 타고 6번째 정거장 약 10분 정도. 기사나 승객에게 메뜨로 디아고날(Metro Diagonal)이라고 이야기 할 것. 버스에서 내려 길 건너 하얀 건물이 까사 밀라이다.(라 뻬드레라, La Pedrera 라고 더 많이 부름)

⑨ **까사 밀라(아트티켓) → 까사 바뜨요 → 까사 아맛예르 → 까사 레오모레라 → 그라씨아 명품거리 → 까딸루냐 광장** 까사밀라는 옥상 테라스, 그 아래 가우디 스페이스, 그리고 그 아래 아파트 한 채를 보면 된다. 1층 기념품숍 겸 서점에 가우디 관련 책 많다. 까사 밀라 바로 옆 디자인 소품 매장 VINÇON(www.vincon.com). 까사밀라에서 네 블록 내려와서 길 건너에 까사 바뜨요. 까사 바뜨요 바로 옆 보까디요 전문 체인 Pans & Company(종일 오픈). 까사 바뜨요 있는 사거리에서 대각선 방향 높은 하얀 건물(버버리 매장), 그 앞으로 100m 가면 점심 메뉴(Menu del dia)가 맛있는 La Rita(점심 13:00~15:45) : Arago 279번지. 까사 바뜨요 옆 건물이 까사 아맛예르, 그 아래 모퉁이 건물이 까사 레오모레라. 까사 바뜨요에서 세 블록 내려오면 큰길(그란비아)이 나오고 그 모퉁이에 바르셀로나에서 가장 큰 ZARA 매장. ZARA에서 한 골목 내려와서 노란 뽀쪽 지붕 있는 건물 옆 골목(옷집 FELGAR와 레스토랑 NAVARRA 사이)으로 50m 가면 스테이크가 맛있는 식당 티 Glop(종일 오픈)이 있다.

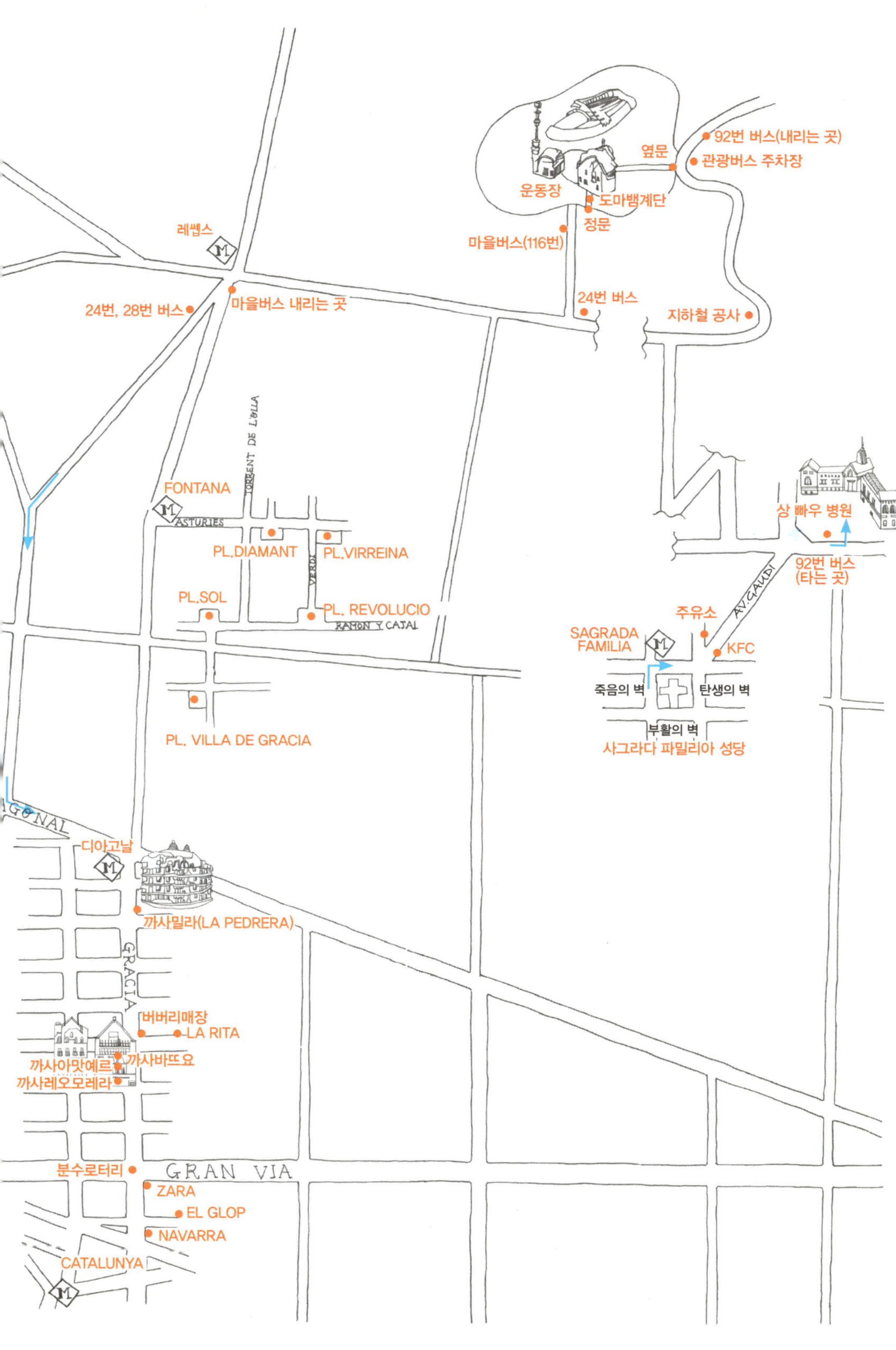
92번 버스(내리는 곳)
관광버스 주차장
옆문
운동장
도마뱀계단
정문
마을버스(116번)
24번 버스
지하철 공사
레쎕스
24번, 28번 버스
마을버스 내리는 곳
ORIENT DE L'OLLA
FONTANA
ASTURIES
PL.DIAMANT
VERDI
PL.VIRREINA
PL.SOL
PL. REVOLUCIO
RAMON Y CAJAL
PL. VILLA DE GRACIA
상 빠우 병원
92번 버스
(타는 곳)
AV. GAUDI
주유소
SAGRADA
FAMILIA
KFC
죽음의 벽
탄생의 벽
부활의 벽
사그라다 파밀리아 성당
DIAGONAL
디아고날
GRACIA
까사밀라(LA PEDRERA)
버버리매장
LA RITA
까사아맛예르
까사바뜨요
까사레오모레라
GRAN VIA
분수로터리
ZARA
EL GLOP
NAVARRA
CATALUNYA

Sector 3-1

까딸루냐 광장 ≫ 본수쎄스 길 ≫ 엘리싸벳 길 ≫ 현대미술관 ≫ CCCB ≫ 바르셀로나 대학(역사지리학과) ≫ 산따끄레우 도서관 ≫ 보께리아 시장 ≫ 페뜨리촐길 ≫ 산따마리아 델 삐 성당 ≫ 빠야 길 ≫ 대성당 ≫ 로마성벽 ≫ 비베스 길 ≫ 산 펠립 네리 광장 ≫ 왕의 광장 ≫ 시청 ≫ 페란 길 ≫ 레이알 광장 ≫ 람블라스 길

★람블라스 길은 그냥 걷기만 해도 되는 길이다. 지도도 필요 없고 가이드도 필요 없다. 여기서는 람블라스는 설명하지 않으며 라발지구와 고딕지구 골목길 중심으로 설명한다.

① **까딸루냐 광장(지하철 1, 3호선)** 광장에서 처다볼 때 삼성, 기아 광고판 있는 곳 오른쪽으로 두 번째 가로수가 좋은 길이 람블라스 길.

② **람블라스 길 까날레따스(Canaletas) 수도** 람블라스 길 초입 까페 누리아(NURIA) 앞 벤치 있는 곳 부근에 그 물을 마시면 다시 바르셀로나로 돌아온다는 까날레따스 수도.

③ **본수쎄스 길과 엘리싸벳 길** 까날레따스 수도에서 람블라스길을 따라 내려가다 오른쪽으로 두 번째 골목(FARMACIA NADAL과 HOTEL ROYAL 사이 골목)이 본수쎄스 길. 그 길을 따라 70m 정도 가면 야외테라스가 있는 카페테리아(Buenas Migas)가 나오고 광장을 지나는 그곳에서부터 길 이름이 엘리싸벳으로 바뀜. 엘리싸벳 길 오른쪽에 라 센뜨랄 책방, 왼쪽에 깜뻬르 호텔 등이 있다.

④ **현대미술관(아트티켓)** 엘리싸벳 길 끝나는 곳에 오른쪽으로 환한 광장이 나오고 그 앞 하얀 건물이 현대미술관.

⑤ **CCCB(아트티켓)** 현대미술관 앞을 지나 미술관 건물을 끼고 오른쪽으로 돌면 현대미술관 뒤편 위치에 큰 마당이 나오며 마당 오른쪽 분홍색 건물에 테라스가 좋은 카페테리아(3C Bar). 분홍색 건물 중앙 아치형문을 통해 바르셀로나 현대문화센터(CCCB) 마당으로 감. 마당 한쪽 유리 벽면으로 지중해가 비춰진다.

⑥ **바르셀로나 대학(역사 지리학부)** 들어온 반대쪽 문으로 나와 길을 건너면 바르셀로나 대학. 오른쪽 건물 지하에 학생식당과 깨끗한 화장실이 있다.

⑦ **구 산따끄레우 병원, 지금은 도서관** 대학 정문을 등지고 나와 왼쪽으로 150m 내려가서 모퉁이에 있는 빵집 플레까 앙헬스(FLECA ELSANGELS), 옆으로 200m 정도 계속 내려가다가 벽이 나오면 LaCaixa은행을 끼고 왼쪽으로 돌아 5m 정도 가다가 오른쪽에 아치형으로 된 문(휴일에는 개방하지 않음)으로 들어가면 옛날 산따끄레우 병원(지금은 도서관 등으로 사용)이다.

⑧ **보께리아 시장** 병원 정원을 지나 맞은 편 문으로 나와 왼쪽으로 70m 정도 가면(길 이름 : Carrer Hospital) 오른쪽으로 광장을 가진 낡은 성당이 나온다. 그 성당을 지나 조금 더 가면 왼쪽으로 난 작은 아치형 돌문(18번지, 잡화상 MAYACHI와 TODO FUTBOL 사이)이 있는데 그 문으로 들어가면 보께리아 시장 뒤편과 연결. 보께리아 시장에서는 앞쪽 가게들보다 뒤쪽 가게들이 싸다.(앞쪽은 주로 관광객 버전). 입구 쪽 초콜릿 등을 파는 가게는 매우 비싸므로 주의.

⑨ **페뜨리촐 골목** 보께리아 시장 정문으로 나와 람블라스 길을 따라 왼쪽(까딸루냐 광장쪽)으로 100m 정도 올라가면 왼쪽에 마름모 벽돌이 아름다운 성당이 있고 그 맞은편에 기념품점 La VIRREINA(116번지)이 나오는데, 그 옆 골목(Carrer Portaferrisa)으로 들어가서 오른쪽으로 난 두 번째 골목(VIVA PEPA와 SYSTEM ACTION 사이)이 페뜨리촐 골목. 초콜라떼가 맛있는 가게, 피카소가 전시회를 열었던 갤러리, 보석가게 등으로 달콤한 골목으로 불림.

⑫ **삐 광장, 산 조셉 오리올 광장** 페뜨리촐 골목을 끝까지 걸어가면 삐광장(Plaza de Santa Maria del Pi)과 삐성당. 아이스크림가게(Carte D'OR) 옆 조그만 광장이 San Josep Orial 광장. San Josep Orial 광장의 Bar del Pi는 까딸루냐공산당이 창당된 곳.

⑬ **대성당 앞 노바광장** 까페떼리아 Bar del Pi를 지나 장난감가게(JOGUINES MONFORTE) 옆 골목(Carrer de la Palla)을 따라 500M 정도 가면 나오는 환한 광장. 광장을 가로질러 가면 계단을 통해 대성당에 들어갈 수 있음, 단 미사시간이 아닌 경우에는 입장권을 사야한다.

⑭ **비스베 길** 성당을 바라보고 오른쪽에 둥근 모양의 성벽 기둥사이에 있는 약간 경사진 길이다. 로마시대 때 시중심광장(Foro)으로 가는 길.

⑮ **산 펠립 네리 광장** Bisbe 길로 가다가 첫 번째 오른쪽 좁고 굽은 골목길(Monjuic del Bisbe)로 들어가면 골목의 끝에 San Felip Neri 광장. 광장 한쪽에 San Felip Neri 학교가 있어 오후 5시 아이들 픽업시간이 되면 광장이 소음으로 가득하다. 가우디의 죽음, 내전 때 폭격으로 인한 수많은 시민의 죽음 등 죽음의 이미지가 강한 광장. 수제비누공방의 비누 냄새가 은은함.

⑯ **왕의 광장(Plaza Rey)** San Felip Neri 광장에서 들어온 반대편 골목(Carrer San Felip Neri)으로 나가면 Carrer de Sant Sever 길을 만나고 왼쪽으로 50m 올라가면 다시 Bisbe길. 이 길을 따라 오른쪽으로 10m 걸어가다 구름다리 못미처 왼쪽으로 난 길(Pepietat길)을 돌아가면 꼼데스 길을 만나고 까페떼리아 Buenas Migas 옆 약간 경사진 길(Biixada Santa Clara)을 약 10m 내려가면 왕의 광장(Plaza Rey). 콜럼버스의 신대륙 발견에 대한 왕실 브리핑, 종교재판 등과 관계된 광장.

⑰ **시청 광장** 왕의 광장에서 정면으로 난 길(Velguer)로 30m 내려가면 Baixada Libreteria길이 나오는데 여기서 오른쪽 경사진 길을 따라 70m 가면 시청 광장. 시청 광장 직전에 CONESA라는 맛있는 보까디요(Bocadillo)집이 있다.

⑱ **페란 길** 시청 광장을 가로질러 정면으로 난 길(옷가게 DESIGUAL과 CAIXA CATALUNYA 은행 사이길). 페란 길을 따라 100m 정도 내려가면 29번지 Fernando Hostal 맞은 편 작지만 영적 분위기가 좋은 자우메 성당. 조금 아래 보헤미안적 분위기의 카페떼리아 Schiling 50m 더 내려가면 맥주집 Guiness와 약국(Farmacia)이 있고 그 맞은편으로 들어가면 가우디 가로등으로 유명한 레이알 광장. 광장 한쪽에 맛있는 식당 les quize nits(13:00~15:45, 20:30~23:30). 광장을 가로질러 Hostal Cabul 옆 골목을 통해 50m 내려가면 Escudelles 길을 만나고 왼쪽으로 10m 위치에 유명한 식당 La Fonda(13:00~15:45, 19:30~23:30, 토요일 및 공휴일 전일 오픈). 식당을 나와 오른쪽으로 가면 조지오웰 광장을 거쳐 아비뇽 길쪽으로 갈 수 있고 왼쪽으로 가면 람블라스 길(거리화가 있는 곳)과 만난다 .

까딸루냐 광장 ≫뽀르딸 델 앙헬 길 ≫4GATS − Amargo길 ≫까딸루냐 음악당 ≫Argentaria길 ≫산따 마리아 델 마르 성당 ≫피카소 미술관 ≫수공예 골목 ≫ Jaume 1세 전철역 ≫시청광장

① **까딸루냐 광장(지하철 1, 3호선)** 광장에서 볼 때 삼성, 기아 광고판 있는 곳 왼쪽길이 뽀르 딸 델 앙헬 Portal del Angel길.

② **몬시오 골목** Portal del Angel길을 따라 200m 정도 내려가다가 왼쪽으로 속옷가게 Intimissimi와 신발가게 Scarpa 사이 골목이 Monsio 골목(ZARA 맞은 편). Portal del Angel길은 중저가 브랜드가 몰려있는 젊음의 거리.

③ **4Gats** Monsio 골목으로 30m 들어가면 왼쪽에 실조명있는 고풍스런 붉은 벽돌 건물이 4Gats.

④ **까딸루냐 음악당** 4Gats 지나 30m 정도 더 가면 왼쪽 좁은 골목이 Amargo길. Amargo 길 끝나는 곳에서 스타벅스 끼고 오른쪽으로 50m 가면 큰 길(Via Laiatana)이 나오고 이 길을 건너 오른쪽으로 초록색 간판 ORTOPEDIA 옆골목으로 들어가면 붉은 벽돌로 만든 까딸루냐 음악당이 있다.

⑤ **산따 마리아 델 마르 성당** 다시 Via Laiatana 길로 나와 왼쪽으로 두블록(200m 정도) 내려가면 대성당 광장으로 연결되는 둥근 사거리가 나오고 여기서 한 블록 더 내려가면 Jaume 1세 전철역. 전철역 앞 까페떼리아 CAPPUCCINO 건너편 알루미늄 재질의 건물(LaCaixa은행)과 CCOO 사이길 (Argentaria길)로 200m 가면 산따 마리아 델 마르 성당 Santa Maria del Mar.

⑥ **피카소 미술관** 성당 정문으로 들어가서 후문으로 나오면 왼쪽으로 Montacada 길 입구. 성당 문이 닫혀있으면 성당 바깥(Carrer Santa Maria길을 따라)으로 반 바퀴 돌면 성당 뒷문 있는 곳이 나오고 왼쪽으로 Montacada 길, 이 부근이 보른지구 중심. Montacada 길 중간에 피카소 미술관이 있다.

⑦ **수공예 골목** 피카소 미술관 끝나는 곳 맞은편에 약국(Farmacia)이 있고 그 옆 골목(Carrer Barra de Ferro)으로 들어가면 앙증맞은 수공예 공방이 많이 있다.

⑧ **Jaume 1세 전철역** 수제 구두가게 있는 곳에서 오른쪽으로 빠지지 말고 Cotoners 길을 통해 조금 더 가면 Jaume 1세 전철역.

⑨ **시청 광장** 길건너 CAPPUCCINO 옆 골목으로 150m 걸어가면 시청광장

⑩ **광장을 가로질러 직진하면 페란 길** 시청 광장을 가로질러 정면으로 난 길(옷가게 DESIGUAL과 CAIXA CATALUNYA 은행 사이길). Ferran 길을 따라 100m 정도 내려가면 29번지 Fernando Hostal 맞은 편 Jaume 성당이 나오고 조금 아래 빵집 elFornet 옆 골목이 피카소의 아비뇽의 처녀들에 나오는 아비뇽길.

⑪ **맛있는 선술집 Celta** 아비뇽길을 따라 500m 쯤 내려가면 Ample길을 만나고 그 다음길이 Merce 길인데 왼쪽에 맛있는 선술집 Celta.

⑫ **항구** 조금 더 내려가면 항구길.

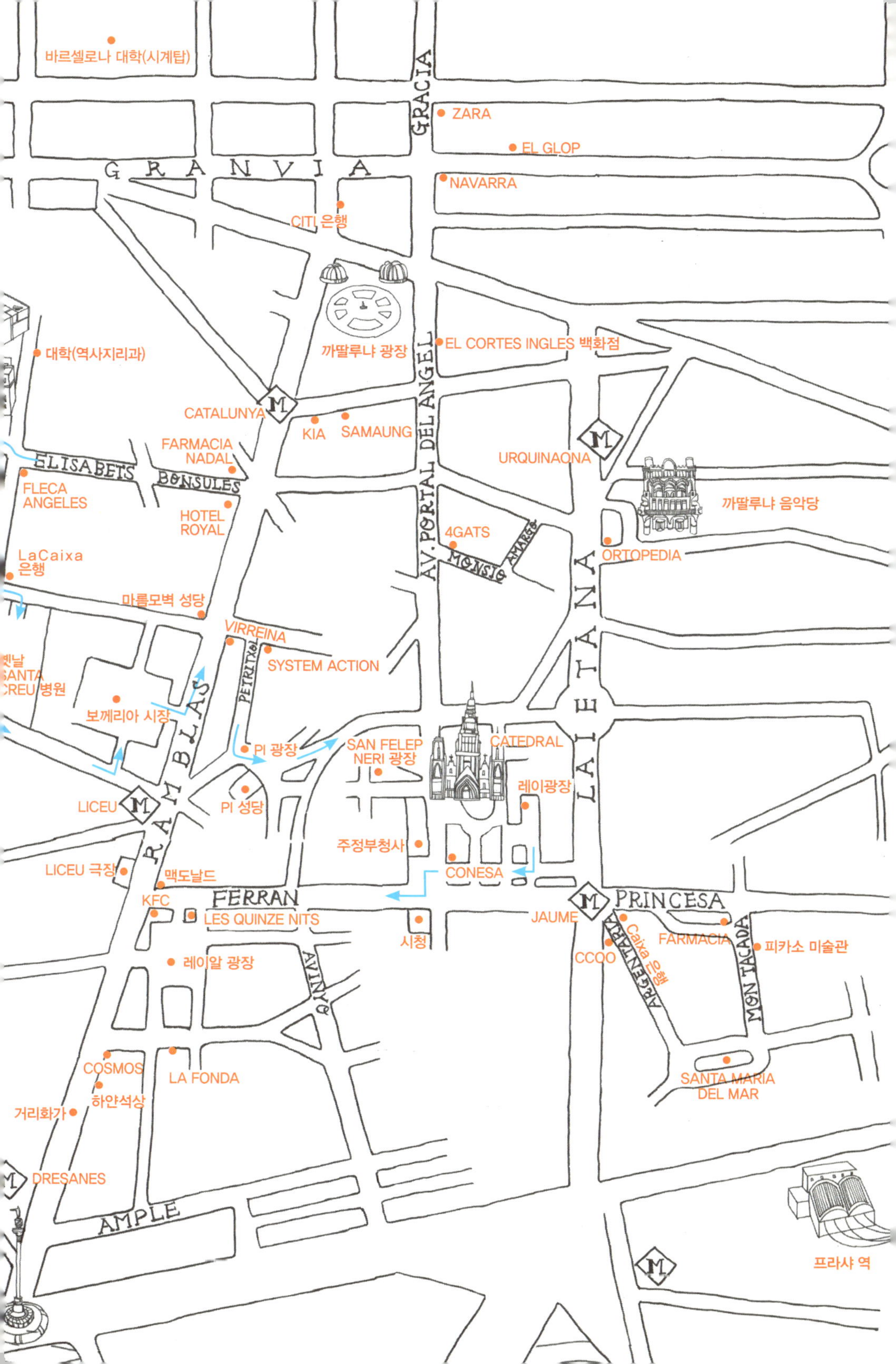

바르셀로나 대학(시계탑)
GRACIA
ZARA
EL GLOP
NAVARRA
GRANVIA
CITI 은행
대학(역사지리과)
까딸루냐 광장
EL CORTES INGLES 백화점
CATALUNYA
KIA
SAMAUNG
URQUINAONA
AV. PORTAL DEL ANGEL
FARMACIA NADAL
ELISABETS
BONSULES
FLECA ANGELES
HOTEL ROYAL
4GATS
MONSIO
AMARG
까딸루냐 음악당
ORTOPEDIA
LaCaixa 은행
마름모벽 성당
VIRREINA
PETRITXOL
SYSTEM ACTION
LAIETANA
SANTA CREU 병원
보께리아 시장
PI 광장
SAN FELEP NERI 광장
CATEDRAL
RAMBLAS
LICEU
PI 성당
레이광장
주정부청사
LICEU 극장
맥도날드
CONESA
FERRAN
KFC
LES QUINZE NITS
PRINCESA
JAUME
시청
ARGENTARIA
Caixa 은행
FARMACIA
MON TACADA
피카소 미술관
레이알 광장
AVINYO
CCOO
COSMOS
LA FONDA
하얀석상
거리화가
SANTA MARIA DEL MAR
DRESANES
AMPLE
프라샤 역

바르셀로나 근교를 쉽게 보는 법

몬세라뜨(montserrat) 바르셀로나에서 1시간 거리에 우뚝 솟은 바위산으로 중턱에 성당과 수도원이 있다. 스페인 광장에서 출발하는 기차를 타고 가다가 케이블카(Telefedrico) 또는 산악열차(Cremallera)를 타고 몬세랏에 올라감. 몬세랏 아래를 지나가는 기차는 까딸란기차(FGC) R5라인 (Manresa 방향)인데 스페인 광장(Plaza de Eespaa)에서 출발. 케이블카를 탈 경우 Montserrat Aeri역에 내리면 되고 산악열차를 탈 경우 Monistrol de Montserrat역에 내린다.

★FGC 소요시간 약 56분이며, 첫차 05:24 06:25, 07:25에, 8시부터 매시 36분에 출발.

★세계 3대 소년성가대 중 하나인 소년성가대 합창(일, 공휴일 : 12:00, 평일, 토요일 : 13:00)을 들으려면 평일에는 10:36시, 일요일에는 09:36 기차를 타야한다. 여름방학과 연말연시는 공연하지 않는다.

★티켓은 여러 가지 옵션이 있을 수 있지만 일종의 복합권인 TransMontserrat을 구매하는 것이 좋다. TransMontserrat=몬세랏 아래를 지나가는 기차(FGC)왕복+몬세랏에 올라가는 케이블카(Telefedrico)왕복+몬세랏에서 정상(San Joan)과 동굴(Santa Cova)까지 가는 산악열차(Funicular)왕복+몬세랏 영상관(Audiovisual)관람+바르셀로나 지하철 5회 이용(당일에 한함) 등이 포함된 티켓으로 23.1유로(2011년)이다. 티켓은 자동판매기에서 사는 데 옵션이 많아 복잡할 수 있으니 안내원에서 아래 내용을 보여주고 구매해줄 것을 부탁. ( ) de TransMontserrat con Telefedrico, por favor. ( )에는 사람수 기재

(사람수) BILLETE SENCILLO PARA TREN(AERI) + TELEFEDRICO, POR FAVOR

시체스(Sitges) 아름다운 해변, 공포영화제, 게이로 유명한 시체스는 바르셀로나 산츠역에서 Renfe(Cercania C2, st. v. de calders 방향)로 약 35분 걸린다. 기차는 시간당 거의 4편씩 있으므로 별도로 예약할 필요는 없다.(첫차 05:40, 막차 00:06) 유레일패스 소지자는 무료로 탑승할 수 있다.

★그라시아 거리에 있는 pg. de gracia역에서도 탈 수 있음.

따라고나(Taragona) 로마유적지로 유명한 따라고나 역시 바르셀로나 산츠역에서 기차로 갈 수 있다. 요금은 기차 등급에 따라 조금씩 다르다. Regiona Express와 Catalunya Express와 같은 근거리 기차인 경우 6유로 정도.(80분 정도 소요) ★06:33경에 시작해서 21:33까지 시간당 1~2편이 있다.

히로나(Girona) 까딸루냐 지방에서 가장 살기 좋은 곳으로 평가받는 히로나 역시 따라고나의 경우처럼 산츠역에서 국철로 갈 수 있다.(방향은 다른 방향) Regiona Express와 Catalunya Express같은 경우 6.2유로~7.5유로(90분 소요), Costa Brava 같은 특급열차인 경우 14.3유로(90분 소요).

★05:55에 시작해서 21:25경까지 시간당 1~2편 정도 있으니 따라고나의 경우와 마찬가지로 어느 기차를 탈지 사전에 생각해두는 것이 좋다.

피게레스(Figueres) 마드리드 쁘라도 박물관 다음으로 많은 사람들이 방문하는 달리미술관이 있는 곳이다. 피게레스 역시 산츠역에서 국철을 이용해서 갈 수 있다.(히로나를 지나간다) 05:55경에 시작해서 20:55경까지 시간당 1~2편이 있으므로 사전에 정확한 시간을 확인하는 것이 필요하다.(산츠역→히로나→피게레스) 기차 종류는 Regional(2시간 10분 소요, 8.95유로), Cataslunya Express(93분 소요, 10.3유로), Costa Brava(2시간 소요, 16.5유로) 등이 있다.

명품 아울렛(La Roca Villege) 교통이 불편하므로 까딸루냐 광장에서 출발하는 셔틀버스를 이용하는 것이 좋다.(10:00, 16:00, 18:00 출발, 어른 왕복 12유로, 어린이(3~12세) 왕복 5유로) ★돌아오는 버스 15:00, 17:00, 21:00 있음. 월~토요일 10:00~22:00까지 개장, 매주 일요일 휴무

주요 명소 입장정보

★은 Art티켓(25유로)으로 입장할 수 있는 곳
★2011년 7월 기준

이름	입장시간	휴관	요금
★까사 밀라 LA PEDRERA	09~18:30(11월~2월) 09~20:00(3월~10월)	12/25,26, 1/1,6 1.7~14	일반 14, 학생 10,오디오가 이드 4유로, 13세 이하 무료
★피카소 미술관 Museu Picasso	10:00~20:00	공휴일이 아닌 매주월요일, 1/1, 5/1, 6/24, 12/25~26	일반 10, 학생 6유로 16세 이하 무료, 일요일 오후3시 이후 무료 매월 첫째 일요일 전일 무료
★현대미술관 MACBA	〈9/24~6/23〉 월~금 11~19:30 토 10~20:00 일요일 및 공휴일 10~15:00 〈6/24~9/23〉 월~금 11~20:00	공휴일이 아닌 화요일, 12/25, 1/1	일반 7.5, 학생 6유로 14세 이하 무료
★후안 미로 미술관 Fundacio Joan MIRO	10~19:00 (10월~6월) 10~20:00 (7월~9월) 매주 목요일 10~21:30	공휴일이 아닌 매주월요일	일반 9, 학생 6유로 14세 이하 무료
★까딸루냐 국립미술관 MNAC	10~19:00 일요일 및 공휴 10~14:30	매주 월요일, 공휴일 다음날 1/1, 5/1, 12/25	일반 8.5유로, 학생 30% 할인, 16세 이하 무료
★현대문화센터 CCCB	화~일 11~20:00 목 11~22:00 12/24, 12/26, 12/31, 1/5, 1/6은 11~15:00	매주 월요일, 12/25, 1/1	일반 7, 25세 미만 5유로
사그리다 파밀리아 성당 Sagrada Familia	09~18:00(10월~3월) 09~20:00(4월~9월)	12/25,261/1,6에는 09:00~14:00만 개관	일반 12.5, 학생 10.5, 오디오가이드 4유로 10세 이하 무료, 엘리베이터 2.5유로 별도
까사 바뜨요 Batllo	09~20:00	행사가 있는경우 09~14:00에만 개관	일반 18, 학생 15유로 6세 이하 무료
스페인 민속촌 Pueblo Espaol	월 09~20:00 화~목 09~02:00 금 09~04:00 토 09~05:00 일 09~24:00	–	일반 9, 학생 6.6, 4~12세 5.6유로 4세 이하 무료
대성당 Catedral de la Seu	13:00~17:00 (공휴일14:00~17:00)	–	5유로(단09:00~12:45, 17:15~19:30까지는 무료)
까딸루냐 음악당 Palau de la Musica Catalana	가이드 투어(영어) 10, 11, 12, 13, 14, 15시 *사전에 확인 필요	–	일반 12, 학생 10유로
산따 마리아 델 마르성당 Santa Maria del Mar	09:00~13:30, 16:30~20:00	–	무료
스페인 광장 분수쇼 Font Magica	목~일 21:00~23:30 (4/30~9/30) 금~토 19~21:00 (10/1~4/30)	–	무료
구웰 공원 Park Guell	10:00~일몰시까지	–	무료

★시간, 금액 등 소개된 정보들은 수시로 변할 수 있으므로 카페(http://cafe.naver.com/cafebarcelona)에서 최신 정보를 확인.

스페인의 대표적인 음식

빠에야, 따빠스, 삔쵸스, 츄러스, 상그리아, 보까디요, 하몬 등은 스페인을 여행하는 한국 여행객들의 머릿속에 한번쯤은 그려보는 먹을거리들이다. 그런데 잘 아는 것 같지만 막상 이야기해보면 생각보다는 잘 모르는 경우가 많아 간단하게 정리해 본다.

빠에야(Paella) 한국 사람들에게 가장 잘 알려진 스페인 음식. 원래는 스페인에 살던 이슬람들이 즐겨 먹던 일종의 어죽 같은 것에서 유래. 쌀의 주산지인 발렌시아 지방이 가장 유명,(토끼고기, 닭고기, 오리고기 등을 사용) 해안지방에서는 홍합, 오징어, 새우, 생선 등을 넣어 요리하는 해산물 빠에야(Paella Marisco, 빠에야 마리스꼬)로 변형 발전. 최근에는 이 둘을 함께 넣은 믹스뜨 빠에야(Paella Mixta)도 대중화. 샐러드와 같은 첫 번째 접시에 속하는 음식이긴 하나 한국 사람들을 비롯한 외국인들은 메인으로도 많이 먹음. 사프란(Safran)이라는 붉으스름한 꽃술 분말을 넣어 요리하면 노란색이 나오는데 사프란은 비싸므로 일반적인 식당에서는 꼴로란떼(Colorante)라는 식용 색소를 이용하는 경우가 대부분. 발렌시아 빠에야가 노란색인데 비해 까딸루냐 지방의 빠에야는 검붉은 색을 띰.

따빠(Tapa) '덮다'라는 뜻을 가진 'Tapar' 동사에서 유래. 남은 음식을 덮어두던 작은 접시를 따빠(Tapa)라고 하며 이 작은 접시에 음식을 담아서 내오는 형태를 '따빠'라고 한다. 따라서 '따빠'는 음식의 종류가 아니라 음식을 서빙하는 형태라는 표현이 맞다. 바르(Bar)나 맥주집(Cerveseria)에 가면 다양한 음식이 조그만 접시에 담겨져 나오는 것을 볼 수 있는데 이것이 '따빠'이다.

삔쵸(Pincho) Pinchar(삔차르, 찌르다) 동사에서 유래. 바게트 빵을 작게 잘라 그 위에 한두 점의 음식을 이쑤시개 같은 꼬치로 찔러서 고정해 놓은 형태를 삔쵸 또는 몬따디또(Montadito)라고 함. 음식을 먹고 난 후 먹은 음식의 이쑤시개로 계산, 보통 1.5~2유로 사이. 안달루시아 지방 등 일부 지방에서는 맥주 한잔에 삔쵸 하나를 서비스로 주기도 하나 바르셀로나에서는 유료.

상그리아(Sangria) 상그레(Sangre, 피)에서 유래하였는데 피 색깔처럼 붉다하여 그렇게 부름. 제조방법이 집집마다 달라 맛도 천차만별이나 레드와인, 보드카 등과 같은 하얀색 계통의 술, 세븐업 등과 같은 스파클링 음료, 설탕, 오렌지, 복숭아 등과 같은 과일 등을 적절한 비율로 배합해서 만들어 얼음과 함께 차게 해서 마신다. 가장 맛있는 상그리아를 만드는 방법은 슈퍼에서 파는 팩에 든 돈 시몬(Don Simon) 상그리아에 약간의 보드카, 제철 과일 슬라이스한 것 몇 조각, 설탕 등을 넣고 하룻밤 냉장고에서 숙성시켜 마시는 것이 가장 맛있다.
★Sangria(상그리아)는 피가 많다는 뜻임.

츄러스(Churrus) 파삭하고 고소한 스페인 밀가루 튀김. 별 모양의 노즐이 달린 튜브로 반죽한 밀가루를 밀어내어 튀기는 것으로 기호에 따라 설탕을 뿌려서 먹기도 하고 핫쵸코(쵸꼴라떼, Chocolate)에 찍어 먹기도 함. 츄러스를 파는 가게를 츄레리아(Chureria)라고 부르는데 아침시간이나 식사 중간 시간에 가보면 주로 동네 노인들이 많이 모여 있다. 새벽까지 신나게 논 젊은이들이 고픈 배를 채우기 위해 찾는 곳이기도 한데 이런 의미에서 우리나라 해장국집과 비슷한 역할을 한다. 보통 작은 봉투에 네 조각 정도를 담아 1.3유로 정도에 팔며, 추운 날에는 핫쵸코(조그만 컵에 1.3유로 정도)와 함께 먹는 것이 좋다.

보까디요(Bocadillo) 기다란 바게트 빵의 배를 반으로 갈라 초리소(Chorizo, 스페인식 소시지), 하몬(Jamon, 염장건조한 돼지다리), 베이컨이나 치즈 등을 넣어 만든 스페인식 샌드위치. 휴대하기도 좋고 먹기도 간편해 스페인 사람들에겐 일종의 주식과 같다. 바르나 까페떼리아에서도 팔지만 Pans & Company(빤스 앤 컴퍼니) 등과 같은 전문점이 외국인들에게 편하다.

하몬(Jamon) 돼지 다리를 소금에 절여 자연 건조시킨 일종의 생 햄. 크게 돼지 종류에 따라 하몬 이베리꼬(Jamon Iberico)와 하몬 세라노(Jamon Serrano)로 구분. 짜기만 하고 맛이 없다는 경우는 싸구려 하몬을 먹은 경우가 대부분. 좋은 하몬을 먹어본 사람들의 반응은 입에서 살살 녹는다는 반응이 많다. 식전에 입맛을 돋우는 에피타이저로 먹는 멜론 꼰 하몬(Melon con Jamon)은 멜론에 하몬을 얹어 먹는 것을 말한다. 영화 Jamon Jamon(하몽 하몽)을 한번 보는 것도 흥미로움. ★하몬 이베리꼬는 떡갈나무가 있는 초지에서 방목한 돼지로 만든 하몬으로 도토리를 먹은 양에 따라 하몬 이베리꼬 데 베요따(Jamon Iberico de Bellota : 초지에서 도토리만 먹고 자란 돼지), 하몬 이베리꼬 데 레쎄보(Jamon Iberico de Recebo 초지에서 도토리와 사료를 혼합하여 먹고 자란 돼지), 하몬 이베리꼬 데 쎄보(Jamon Iberico de Cebo : 초지에서 사료를 먹고 자란 돼지) 등으로 구분. 하몬 이베리꼬 전체를 빠따 네그라(Pata Negra : 검은 다리)라고 부르는데 발톱이 검은 색에서 유래, 주로 스페인 남쪽, 남서쪽이 주 생산지. 하몬 세라노는 일반적인 분홍빛 돼지로 주로 춥고 건조한 산악지방이 주 생산지.

메뉴 델 디아(Menu del Dia) 스페인에서 가장 좋은 것 중 하나가 메뉴 델 디아라는 말이 있음. 오늘의 메뉴라는 뜻으로 보통 점심식사로 제공. 첫 번째 접시(주로 샐러드나 콩요리 등)와 두 번째 접시(메인 요리로 보통 육류, 생선 등에서 선택)와 후식, 그리고 빵과 음료까지 나온다. 보통 10유로 정도에 먹을 수 있다.
★첫 번째 접시와 두 번째 접시는 각각 3~5가지에서 고른다. 음료로 와인, 청량음료 등을 선택할 수 있음. 와인을 고를 경우 잔으로 주는 것이 아니라 아예 병째 주는 경우가 대부분이다.

추천 레스토랑

El Rey de la Gamba 1 (쿠폰) 저렴한 가격에 스페인식 해산물 요리를 마음껏 먹을 수 있는 곳. **위치** 바르셀로네따 Passeig de Joan de Borb, 53 **추천 메뉴** 해산물모듬(Parrillada), 해산물 빠에야(Paella Marisco) **시간** 종일 **예산** 해산물모듬과 음료수를 시킬 경우 2인에 25유로 정도 www.reydelagamba.com ★쿠폰 소지자에게 상그리아 한잔 무료

스페인 광장 뷔페식당 Dim Sum Wok (쿠폰) 스페인 광장 근처에 있어 분수쇼 보는 날, 몬세랏 다녀오는 날 가기 좋음, 뷔페식 **시간** 13:00~16:30, 20:00~00:00 **예산** 주중 점심 8.95, 저녁 11.95, 주말 및 공휴일, 13.95 ★쿠폰 소지자에게 음료수 1+1(하나 시키면 하나 무료)

El Glop (쿠폰) 까딸루냐 광장과 그라씨아 거리에서 가까워 까사 밀라나 까사 바뜨요 등을 보고 난 후 가기 좋음, 빠에야도 좋고(1인분 가능) 스테이크와 같은 고기도 좋다. **위치** c/Casp 21 **추천 메뉴** 해산물 빠에야(Paella Marisco) **시간** 08:00~12:30 간단한 아침, 13:00~01:00 쉬지 않고 오픈 **예산** 해산물 빠에야 13유로, 스테이크 12.5유로 www.elglop.com ★쿠폰 소지자에게 상그리아(1L) 50% 할인

La Fonda 가격은 저렴한 반면 분위기 좋은 레스토랑에서 식사하는 것 같은 기분을 느낄 수 있음. 람블라스 거리에서 가까운 것도 장점 **위치** Escudellers 10번지(가우디 가로등이 있는 레이알 광장에서 바다 쪽으로 한블록 아래 골목에 위치) **추천 메뉴** 오징어 먹물 빠에야(Arroz Negro), 해산물 빠에야(Paella Marisco), 시금치샐러드(Ensalade de Espinacas) **시간** 월~금 (13:00~15:45, 19:30~23:30), 토요일과 휴일 (13:00~23:30) **예산** 음료 포함 1인 15유로 정도 www.lafonda-restaurant.com

La Rita 까사 밀라와 까사 바뜨요에서 가깝고 점심에 제공되는 메뉴 델 디아(Menu del Dia, 오늘의 메뉴)가 좋다. **위치** c/Aragon 271(까사 바뜨요 사거리에서 버버리 매장 앞을 지나 20m) **추천 메뉴** 메뉴 델 디아(Menu del Dia, 오늘의 메뉴) **시간** 13:00~15:45, 20:30~23:30 (금요일, 토요일 밤엔 21:00~24:00) **예산** 평일 오늘의 메뉴는 음료, 빵 포함 1인 10유로 정도(주말에는 비싸므로 비추) ★Menu del Dia : 대부분의 식당에서 제공하는 점심식사로 첫 번째 접시(보통 3종류에서 하나 고름)+두번째 접시(보통 3종류에서 하나 고름)+후식(보통 3종류에서 하나 고름)+음료+빵 www.laritarestaurant.com

보까디요 전문점 PANS & COMPANY 스페인식 샌드위치(Bocadillo, 보까디요) 체인점으로 싸고 빠르고 간편하게 먹을 수 있다. **위치** 그라씨아 거리(Pg. de Gracia 39 등 바르셀로나 곳곳) **추천 메뉴** British Bacon 셋트메뉴(감자튀김, 음료 포함) **시간** 09:00~02:00 **예산** 1인 6유로 정도(음료 포함)

보까디요 전문점 CONESA 까딸루냐 보까디요 전문점, 시청 광장에 있어 찾기 쉽다. **위치** Llibreteria 1(시청 광장 Plaa Sant Jaume) **추천 메뉴** Bacon y Queso(베이컨과 치즈가 들어있는 따뜻한 스페인식 샌드위치) **시간** 08:15~22:15, 일요일 휴무 **예산** 6유로(음료 포함)

*요금, 입장시간 등 변경되는 정보는 다음의 카페나 블로그에서 참고. cafe.naver.com/cafebarcelona blog.naver.com/salamonca10

바르셀로나에 오기 전에 보면 좋은 책 & 영화

책

바람의 그림자(까를로스 루이스 사폰 저, 정동섭 역, 문학과지성사) : 까를로스 루이스 싸폰(Carlos Luis Zafon)의 베스트셀러 소설로 바르셀로나를 무대로 펼쳐지는 사랑과 증오, 복수와 배신, 부재와 상실, 불안과 동요에 관한 이야기다. 바르셀로나 구도심 골목들의 낭만적인 묘사가 바르셀로나를 더 사랑스러운 도시로 만든다.

카탈로니아 찬가(조지 오웰 저, 정영목 역, 민음사) : 동물농장으로 잘 알려진 조지 오웰이 1936년 스페인 내전에 참전하고 난 후 쓴 소설로, 당시 바르셀로나에 대한 묘사가 많이 나온다.

어머니 품을 설계한 건축가 가우디(하이스반 헨스 베르헌 저, 양성혜 역, 현암사) : 가우디가 살았던 1852년에서 1926년은 산업혁명의 흥청거림, 무정부주의, 사회주의 등 그야말로 용광로 같았던 시기였다. 가우디의 건축세계와 그 당시 바르셀로나의 사회상을 알 수 있게 하는 좋은 책.

가우디, 예언자적인 건축가(시공사) : 당시 사회적 배경, 가우디의 내면세계, 가우디에 대한 평론가들의 생각 등 가우디에 대한 다양한 해석들을 정리한 책.

오기사, 행복을 찾아 바르셀로나로 떠나다(오영욱 저, 예담) : 짧은 글과 오영욱 특유의 스케치로 이루어진 책이지만 바르셀로나를 가장 깊이 있게 묘사한 책. 그림과 행간을 읽어나가다 보면 바르셀로나에 대한 깊이 있는 시선을 느낄 수 있다.

영화

내 어머니의 모든 것(뻬드로 알모도바르 감독) : 여자가 된 남자들, 남자가 된 여자가 등장하는 등 뻬드로 알모도바르의 영화답게 사회 소수층의 이야기를 잔잔하게 그려내고 있다. 사그라다 파밀리아, 콜럼버스 탑, 바다 병원, 몬주익 공동묘지, 까딸루냐 음악당 등 바르셀로나 주요 명소들이 아름다운 음악과 함께 등장한다.

달과 꼭지(비가스 루나 감독) : 젖꼭지와 사랑에 빠진 한 남자아이의 이야기, 까딸루냐의 대표적인 감독 비가스 루나의 영화로 바르셀로나 주변과 인간탑 쌓기 광경을 볼 수 있다.

스페니쉬 아파트먼트(새드릭 클래피쉬 감독) : 한 프랑스 남학생의 좌충우돌 바르셀로나 교환학생 생활이야기로 구웰 공원, 람블라스 길, 바다 병원, 사그라다 파밀리아 등 바르셀로나 주요 명소들이 등장한다.

향수(톰 튀크베어 감독) : 후각과 시각을 자극하는 강렬한 영화, 배경은 프랑스지만 실제 많은 장면 바르셀로나의 구도심에서 촬영되었다. 페란 길, 레이알 광장, 산 펠립 네리 광장 등.

뮤직비디오

My Immortal(Evanescence) : 미국 그룹 Evanescence의 서정적인 노래 My Immortal에 나오는 주 배경이 산 펠립 네리 광장이다. 그리고 고딕지구의 골목들도 많이 나온다.

필수 스페인어

식당에서

La carta, por favor 라 까르따 뽀르 파보르 : 메뉴판 주세요

Agua 아구아 : 물

¿Hay menu del dia? 아이 메누 델 디아? : 오늘의 메뉴 있어요?

Vino tinto de botella 비노 띤또 데 보떼야 : 레드 와인(병으로)

Vino tinto de copa 비노 띤또 데 꼬빠 : 레드 와인(잔으로)

Vino blanco de botella 비노 블랑꼬 데 보떼야 : 와이트 와인(병으로)

Vino blanco de copa 비노 블랑꼬 데 꼬빠 : 화이트 와인(잔으로)

Jara de Sangria 하라 데 상그리아 : 상그리아 한 주전자

Sin sal, por favor 씬 쌀 뽀르 파보르 : 소금 넣지 말고 해 주세요.

¿El servicio 엘 쎄르비씨오? : 화장실?

La cuenta, por favor 라 꾸엔따 뽀르 파보르 : 계산서

¿Cuanto cuesta? 꾸안또 꾸에스따? : 얼마예요?

Muchas gracia 무챠스 그라씨아스 : 감사합니다.

바르나 까페떼리아에서

스페인은 바르(Bar)와 까페떼리아의 나라다. 스페인에서 이것을 빼면 스페인이 아니다.
관광객들 역시 바르와 까페떼리아를 잘 이용해야 여행을 쉽고 편하게 할 수 있다.
지치고 힘들 때 잠시 쉬어가자. 커피 한잔에 1.5유로, 맥주 한잔에 2.5유로 정도.

Cafe con Leche 까페 꼰 레체 : 밀크 커피(카페라테)

Capuccino 까뿌치노 : 카푸치노

Cafe Americano 까페 아메리까노 : 아메리칸 스타일

Zumo de Naranja 쑤모 데 나랑하 : 오렌지주스

Una Caña 우나 까냐 : 생맥주 한잔

Estrella 에스뜨레야 : 까딸루냐 지역 맥주

Vol Damm 볼 담 : 도수가 좀 높은 까딸루냐 지역 맥주

버스나 택시에서 행선지를 말할 때

Parque Güell 빠르께 구엘 : 구웰 공원

Sagrada Familia 사그라다 파밀리아 : 성가족성당

La Pedrera 라 뻬드레라 혹은 Casa Mila 까사 밀라 : 밀라의 집

Plaza Catalunya 쁠라싸 까딸루냐 : 까딸루냐 광장

Plaza Espanya 쁠라싸 에스빠냐 : 스페인 광장

Torre Colon 또레 꼴론 : 콜롬부스 탑 ★람블라스 끝 항구가 시작되는 곳에 있다.

Cam Nou 깜노우 : 축구장

Aeropuerto 아에로 뿌에르또 : 바르셀로나 공항(항공사명을 말해줄 것)

Estacion Sants 에스따씨온 산츠 : 산츠역

Estacion Fransa 에스따씨온 프란샤 : 프란샤역

Estacion Nord 에스따씨온 노르드 : 북터미널

Castel del Monjuic 까스뗄 델 몬주익 : 몬주익 성

위급상황

Socorro! 소꼬로! : 도와주세요.

No me toques! 노 또께스! : 만지지 마!

Me han robado 메 안 로바도 : 도둑맞았어요.

Lllamar policia 야마르 뽈리씨아 : 경찰 불러주세요.

Lllamar medico 야마르 메디꼬 : 의사 불러주세요.

¿Donde está hospital? 돈데 에스따 오스삐딸? : 병원은 어디 있나요?

Me ha comido la tarjeta 메 아 꼬미도 라 따르헤따 : 카드기가 신용카드 삼켜버렸을 때

기타

Con permiso 꼰 뻬르미소 : (지나갈 때) 실례합니다.

Perdon 뻬르돈 : 부딪히거나 발을 밟았을 때

Soy de Corea 쏘이 데 꼬레아 : 한국 사람이에요.

공연·축구

플라멩꼬 : Palacio del Flamenco (쿠폰) 위치 지하철 디아고날(Diagonal, 3호선 및 5호선) 근처 **시간** 일요일 제외한 매일 19:15~20:15 **요금** 37유로(상그리아 포함) 할인 책 마지막에 있는 쿠폰을 제시하면 7유로 할인. www.palaciodelflamenco.com

FC 바르셀로나 축구경기 위치 지하철 5호선 Collblanc역에서 걸어서 10분 거리 **경기일정** FC바르셀로나 홈페이지에서 확인 **입장권** 홈페이지를 통해 구매. 레알마드리드와의 경기 같은 빅매치가 아니면 당일 현장 구매 가능.(현장 구매는 신용카드로만 가능) www.fcbarcelona.com

까딸루냐 음악당 공연 위치 c/San Francesc de Palau 2 **시간** 거의 매일 저녁에 공연이 있으며 내용, 시간, 요금 등은 홈페이지를 통해 확인 **요금** 변동

재즈라이브 Jamboree 위치 레이알 광장내 **시간** 매일밤 21:00, 23:00 **요금** 10~12유로

투우 바르셀로나는 투우와 친하지 않으니 마드리드, 세비야 등에서 보는 것이 좋다.

카지노 위치 바르셀로네따 해변(지하철 4호선 Port Olimpico), 주소: C/ Marina, 19-21(Port Olmpic) **시간** 기계식 게임기는 10:00~05:00, 게임룸은 15:00~05:00까지 오픈 **입장료** 4.5유로이며 여권이 있어야 입장 가능. www.casino-barcelona.com

1판 1쇄 인쇄   2011년 9월 5일
1판 1쇄 발행   2011년 9월 15일

지은이   신진호, 권경애
펴낸이   정원정, 김자영
편집   홍현숙

디자인   ABOUT BY MIZ
지도   BLUE SPRING

펴낸곳   즐거운상상
주소   서울시 용산구 문배동 11-14 이안1차 101동 오피스텔 202호
전화   02-706-9452 팩스_02-706-9458 전자우편_happywitches@naver.com
출판등록   2001년 5월 7일
인쇄   백산하이테크

ISBN 978-89-92109-84-0

coupon

EL REY DE LA GAMBA 1
해산물식당
상그리아 한잔 무료

Una Copa de Sangria Gratis

EL REY DE LA GAMBA 1
해산물식당
상그리아 한잔 무료

Una Copa de Sangria Gratis

EL REY DE LA GAMBA 1
해산물식당
상그리아 한잔 무료

Una Copa de Sangria Gratis

EL REY DE LA GAMBA 1
해산물식당
상그리아 한잔 무료

Una Copa de Sangria Gratis

EL GLOP
스테이크가 맛있는집
상그리아(1L) 50%DC

50% DC de 1L de Sangria

EL GLOP
스테이크가 맛있는집
상그리아(1L) 50%DC

50% DC de 1L de Sangria

EL GLOP
스테이크가 맛있는집
상그리아(1L) 50%DC

50% DC de 1L de Sangria

EL GLOP
스테이크가 맛있는집
상그리아(1L) 50%DC

50% DC de 1L de Sangria

DIM SUM WOK
괜찮은 뷔페식당
음료수 2X1

bebida 2X1

DIM SUM WOK
괜찮은 뷔페식당
음료수 2X1

bebida 2X1

DIM SUM WOK
괜찮은 뷔페식당
음료수 2X1

bebida 2X1

DIM SUM WOK
괜찮은 뷔페식당
음료수 2X1

bebida 2X1

PALACIO DEL FLAMENCO
제대로 된 플라멩꼬
공연

7¢ DC

PALACIO DEL FLAMENCO
제대로 된 플라멩꼬
공연

7¢ DC

PALACIO DEL FLAMENCO
제대로 된 플라멩꼬
공연

7¢ DC

PALACIO DEL FLAMENCO
제대로 된 플라멩꼬
공연

7¢ DC

저자와 함께하는
바르셀로나투어

바르셀로나로맨틱투어

5유로 할인

저자와 함께하는
바르셀로나투어

바르셀로나로맨틱투어

5유로 할인

저자와 함께하는
바르셀로나투어

바르셀로나로맨틱투어

5유로 할인

저자와 함께하는
바르셀로나투어

바르셀로나로맨틱투어

5유로 할인

● El Rey de la Gamba 2는 해당 안 됨, 기본 음료 주문 조건 ● Dim Sum Wok의 경우 음료 하나 시키면 추가 하나는 무료(ex:두명인 경우 쿠폰 한 장 내고 음료 하나만 시키면 두잔 줌) ● Palacio del Flamenco는 창구가격(2011.7월 현재 37유로)에서 7유로 할인 ● 각 업소에 대한 상세한 정보는 본문 내용 참조(p.318, p.321)

coupon

<table>
<tr>
<td>

PG DE JOAN BORBO 53(BARCELONETA)

www.reydelagamba.com
시간 : 종일

해산물모듬(PARRILLADA)
해산물 빠예야(PAELLA)

</td>
<td>

PG DE JOAN BORBO 53(BARCELONETA)

WWW.reydelagamba.com
시간 : 종일

해산물모듬(PARRILLADA)
해산물 빠예야(PAELLA)

</td>
<td>

PG DE JOAN BORBO 53(BARCELONETA)

WWW.reydelagamba.com
시간 : 종일

해산물모듬(PARRILLADA)
해산물 빠예야(PAELLA)

</td>
<td>

PG DE JOAN BORBO 53(BARCELONETA)

WWW.reydelagamba.com
시간 : 종일

해산물모듬(PARRILLADA)
해산물 빠예야(PAELLA)

</td>
</tr>
<tr>
<td>

C/CASP 21
(까딸루냐광장 근처)

www.elglop.com
시간 : 종일

스테이크(ENTRECOT)
빠예야(PAELLA)
오징어먹물빠예야(Arroz Negro)

</td>
<td>

C/CASP 21
(까딸루냐광장 근처)

www.elglop.com
시간 : 종일

스테이크(ENTRECOT)
빠예야(PAELLA)
오징어먹물빠예야(Arroz Negro)

</td>
<td>

C/CASP 21
(까딸루냐광장 근처)

www.elglop.com
시간 : 종일

스테이크(ENTRECOT)
빠예야(PAELLA)
오징어먹물빠예야(Arroz Negro)

</td>
<td>

C/CASP 21
(까딸루냐광장 근처)

www.elglop.com
시간 : 종일

스테이크(ENTRECOT)
빠예야(PAELLA)
오징어먹물빠예야(Arroz Negro)

</td>
</tr>
<tr>
<td>

C.C. ARENAS
(스페인광장)

시간 : 13:00~16:30
　　　　20:00~24:00

해산물, 육류, 중식, 일식 등
모든 종류 음식 마음껏

</td>
<td>

C.C. ARENAS
(스페인광장)

시간 : 13:00~16:30
　　　　20:00~24:00

해산물, 육류, 중식, 일식 등
모든 종류 음식 마음껏

</td>
<td>

C.C. ARENAS
(스페인광장)

시간 : 13:00~16:30
　　　　20:00~24:00

해산물, 육류, 중식, 일식 등
모든 종류 음식 마음껏

</td>
<td>

C.C. ARENAS
(스페인광장)

시간 : 13:00~16:30
　　　　20:00~24:00

해산물, 육류, 중식, 일식 등
모든 종류 음식 마음껏

</td>
</tr>
<tr>
<td>

BALMES 139
(까사밀라 근처)

www.palaciodeflamenco.com
시간 : 19:15~20:15
　　　　22:40~23:40
극장식 홀에서 제대로 된
플라멩꼬

</td>
<td>

BALMES 139
(까사밀라 근처)

www.palaciodeflamenco.com
시간 : 19:15~20:15
　　　　22:40~23:40
극장식 홀에서 제대로 된
플라멩꼬

</td>
<td>

BALMES 139
(까사밀라 근처)

www.palaciodeflamenco.com
시간 : 19:15~20:15
　　　　22:40~23:40
극장식 홀에서 제대로 된
플라멩꼬

</td>
<td>

BALMES 139
(까사밀라 근처)

www.palaciodeflamenco.com
시간 : 19:15~20:15
　　　　22:40~23:40
극장식 홀에서 제대로 된
플라멩꼬

</td>
</tr>
<tr>
<td>

http://cafe.naver.com/
bcnromantic

시간 : 10:00~19:00

저자와 함께하는
바르셀로나 투어

</td>
<td>

http://cafe.naver.com/
bcnromantic

시간 : 10:00~19:00

저자와 함께하는
바르셀로나 투어

</td>
<td>

http://cafe.naver.com/
bcnromantic

시간 : 10:00~19:00

저자와 함께하는
바르셀로나 투어

</td>
<td>

http://cafe.naver.com/
bcnromantic

시간 : 10:00~19:00

저자와 함께하는
바르셀로나 투어

</td>
</tr>
</table>